建筑速写

杜鹏 刘庆慧 王炼 主编

周蔚 邹涛涛 刘斯颖 袁玉康 副主编

清华大学出版社

北京

内 容 简 介

本书内容从建筑速写的概念认知入手,包括工具材料的使用、画面营造和透视规律、各种风格的表现技法以及优秀作品赏析等;速写表现技法介绍以钢笔表现为主,兼顾铅笔、炭笔、马克笔等其他工具。本书提供了大量图例解析和作品赏析,并通过对每部分内容进行详尽的说明来点明主旨,以此总结出建筑速写的规律性。全书内容紧凑,图文信息量较大,全面考虑了读者学习的要求以及方便性。同时,本书配有课件、教案,可扫码下载使用。

本书可作为高等院校建筑学、城乡规划、风景园林设计、环境设计与室内设计等专业的教材,也可作为设计师和专业从业人员提高专业水平的参考用书。

图书在版编目(CIP)数据

建筑速写/杜鹏,刘庆慧,王炼主编. —北京:清华大学出版社,2023.12
ISBN 978-7-302-64983-0

Ⅰ.①建…　Ⅱ.①杜…②刘…③王…　Ⅲ.①建筑艺术－速写技法－教材　Ⅳ.①TU204

中国国家版本馆 CIP 数据核字(2023)第 232179 号

责任编辑:张　弛
封面设计:何凤霞
责任校对:袁　芳
责任印制:杨　艳

出版发行:清华大学出版社
　　　　网　　　址:https://www.tup.com.cn,https://www.wqxuetang.com
　　　　地　　　址:北京清华大学学研大厦 A 座　　　　　　邮　　编:100084
　　　　社 总 机:010-83470000　　　　　　　　　　　　邮　　购:010-62786544
　　　　投稿与读者服务:010-62776969,c-service@tup.tsinghua.edu.cn
　　　　质量反馈:010-62772015,zhiliang@tup.tsinghua.edu.cn
　　　　课件下载:https://www.tup.com.cn,010-83470410
印 装 者:大厂回族自治县彩虹印刷有限公司
经　　销:全国新华书店
开　　本:185mm×260mm　　　　印　　张:10.75　　　　字　　数:257千字
版　　次:2023 年 12 月第 1 版　　　　　　　　印　　次:2023 年 12 月第 1 次印刷
定　　价:59.00 元

产品编号:098924-01

前言

深圳大学吴家骅教授在《设计思维与表达》一书中提出:"速写是设计师的命根子。"对于建筑设计和环境艺术设计专业来说,速写是一项必备的专业技能,是表达创意的重要手段。建筑速写在建筑设计、景观设计、规划设计、环境设计和室内设计等相关专业的教学体系中,是不可缺少的基础课程之一,具有培养学生扎实的专业基础、创造性思维、审美能力及训练表达能力,提高专业素质的重要意义。

设计是一项创造性的思维活动,正如德国包豪斯最重要的平面设计师赫伯特·拜耶所言:"具有创造性的程序不仅仅是靠技术娴熟的手工完成的,所有的创造设计都必须依靠脑、心和手同心协力合作达到。"建筑速写的表现过程就是眼、脑、心、手的互动与协作过程,即观察、思考、理解和表现的一种综合过程。

建筑速写是作画者快速捕捉并记录自己所看到的客观存在,即对客观对象的形、神与存在环境的记录。速写可以随时随地进行,不受时间、地点限制,所需的工具简便、易携带,可操作性强。更重要的是它的表现形式灵活多样,表现力非常强,可以绘制出各种各样的画面效果。练好建筑速写,不论是在纯粹的绘画创作还是在建筑写生和专业设计等方面都是极有帮助的。其一,掌握娴熟的速写技能能够迅速地捕捉头脑中闪现的灵感,有助于设计师研究、推敲设计方案,是展示和交流设计方案的主要手段,同时也是一种表达自己设计构想的重要语言;其二,坚持不间断地速写训练,能够更加敏锐地感受到建筑及其景观中的精华所在和美的规律,培养自身的审美意识和判断能力;其三,建筑速写具有简洁、凝练、鲜活、生动的特点。速写能力的提高可促进绘画技能的提升,促进各种速写技法的随心转换,从而在艺术创作中拓展更大的空间,同时,也可以作为一种独特的艺术表现形式进行艺术创作。

本书具有大量的图例,并通过对每部分内容进行详尽的图例说明来点明主旨,以此总结出建筑速写的规律性,让学生了解学习建筑速写的目的、作用和学习方法。尤其是书中加入了"向大师学速写"的内容,引导学生从古今中外著名的建筑大师和绘画大师的作品中体会、学习大师的表现技法与审美意境,并附有作者的示范作品。本书附有教学课件、主要章节的微课以及网络平台教学资源,可极大地方便教师教学和学生学习。

在本书的编写过程中参考了大量同行与前辈的作品及其他文献资料,参编的各位老师都付出了辛苦的劳动,在此一并表示感谢。

限于编者水平,书中难免有不当之处,恳请读者批评、指正。

杜　鹏

2023 年 6 月

教学课件　　　　课程教案

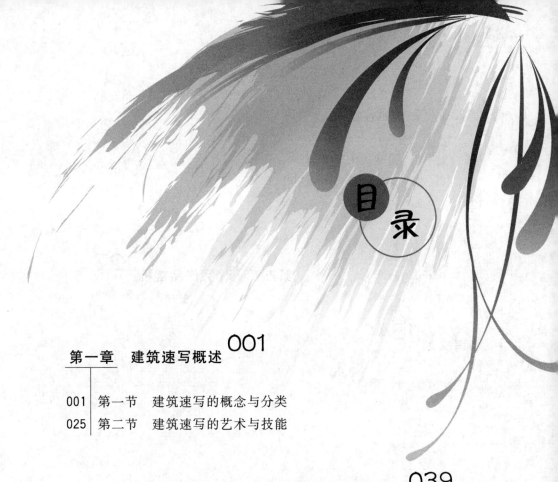

目 录

第四章 跟大师学速写 106

第五章 优秀作品赏析 127

参考文献 164

第一章

建筑速写概述

本章重点

  建筑速写的作用和意义。

本章难点

  建筑速写的艺术与技能。

建议学时

  4 学时

第一节 建筑速写的概念与分类

速写概述

一、建筑速写的概念

  "速写"(sketch)一词是随西方绘画的传入而产生的,有草图的含义。它是以绘画写生的表现方式,在较短的时间内,用简练概括的表现手法,描绘物象的一种绘画形式。

  建筑速写(architecture sketch),顾名思义,就是以建筑形象为主要表现对象,用写生的手法对建筑以及建筑环境进行快速表现的一种绘画方式。它以建筑物为主要表现对象,同时也包含建筑环境所涉及的内容,如自然景物、植物、小品、设施、人物、车辆等内容。这种将物象转变为图形的创作活动,是通过艺术家对形体的组合、色彩的搭配、技法的运用等来构成画面的视觉美感,所展示的艺术效果 也是画家个体的精神体现,速写目的和意识的不同反映在画面上,绘画表达形式和情调也有所差异。

  建筑速写的范畴相当广泛,大到自然风景、历史景观、各类建筑,小到生活环境、家庭道具等。可以说除了以人物为主的绘画内容以外的环境都可以作为建筑速写的素材。建筑速写反映了时代、社会、自然、环境特色,处处沉积着历史、文化、风格的痕迹,为我们了解社会、体验生活提供了广阔的空间,如图 1-1~图 1-3 所示。

图 1-1　松阳民居　邱晓雯　《行画古村落——走进松阳》

图 1-2　废弃的小教堂　郑炘　《线之景》

图 1-3　太湖鼋头渚　齐康　《风景入画》

　　有人认为建筑速写、建筑画和徒手画是一个概念的不同名称,实际上它们之间确实有很多共性的东西,但还是有区别的。建筑速写偏重于对既有建筑和风景的写生以及艺术表现,它的主要目的在于训练设计师的观察、思考和表现能力,是设计表现的基础,同时也是搜集设计素材的有效方式(图1-4和图1-5);建筑画和徒手画的概念则非常宽泛,它除了包括建筑速写的内容之外,还包括设计师在设计中对设计方案的记录(图1-6和图1-7)和思索所产生的草图以及方案设计预想图(图1-8和图1-9)。

图1-4　意大利罗马的西班牙大台阶　孙茹雁　《钢笔画技法》

　　现在我们通常指的建筑画大致有两类,一类是出自美术家之手,是以建筑物为主题进行创作的美术作品,这种绘画中的建筑物是作为一种美的对象来刻画的,往往要经过充分的艺术加工和反复的塑造,以具备强烈的感染力和生动的艺术魅力。正因如此,对其非主要的或不影响主题刻画的次要形态、结构、材料、做法等,就不一定描绘得十分精确,有些还会故意做一些艺术夸张、变形、概括或省略的处理,这种建筑画着眼于它是一件可供观赏的艺术品。

　　《窄巷》(图1-10)是吴冠中先生以极其简练的寥寥几根线条就让江南小巷的曲径通幽、柳暗花明跃然纸上,造型夸张、疏能跑马,具有极强的透视感,充满悠远神秘的联想。

《山西平遥兴旺村》（图1-11）描绘了黄土高原的一个小村庄，用短促的白描点线皴法表现黄土高原的崎岖、贫瘠，画面中所有向上的块面都以"疏"来处理，造成一种午时耀眼的阳光和形体饱满的效果，即便用轻松的笔调也能表现黄土的厚重，装饰性的风格虽然没有写实风格来得扎实，却足够表现出信天游里那种厚重中的伤感和别样的审美情趣。

图1-5　小镇兰兹伯格教堂　刘甦　《城市年轮》

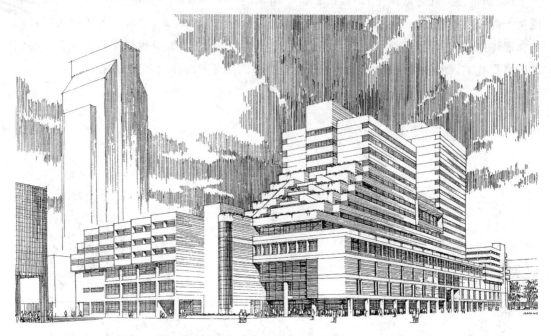

图 1-6　南京正洪街商业改造设计方案　钟训正　《钢笔画技法》

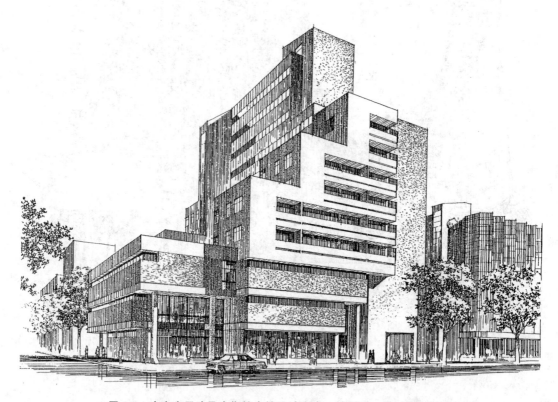

图 1-7　南京太平路马府街综合楼设计方案　钟训正　《钢笔画技法》

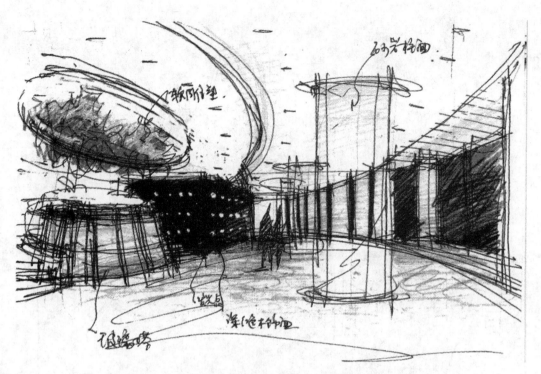

图 1-8　室内设计草图 1　崔笑声

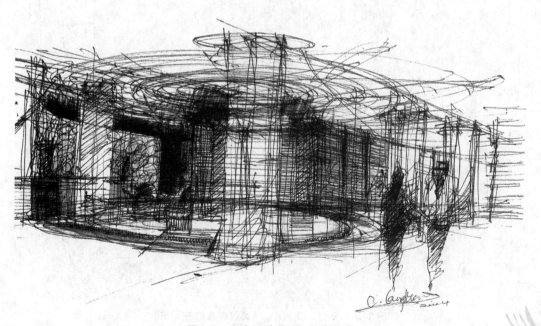

图 1-9　室内设计草图 2　崔笑声

图 1-10　窄巷　吴冠中　《吴冠中自选速写集》

图 1-11 山西平遥兴旺村 杜鹏

建筑画的另一类是出自建筑师笔下的以描述工程建筑为主题的绘画,这种绘画有着鲜明的工程意义和具体的服务对象,其大部分的成图,是在建筑尚未建成时,就可以给人以立体的、具体的、有丰富色彩的、有不同质感的、有光影和空间层次的建筑表现图或建筑效果图。此种绘画,除了要求表现得充分、鲜明、美观外,尤其重要的是准确与真实,这两点可以说是建筑表现图最大的特征与灵魂(图 1-12~图 1-14)。汪国瑜教授提出:"建筑绘画者,以绘画形式为建筑也,建筑为目的,绘画为手段。营势而赋形,因形而取神,求神而达意,意到而笔随。二者相辅相成,巧施妙用,务使绘画为建筑完美增色,应为建筑绘画的要旨。"

二、建筑速写的作用

建筑速写既是绘画造型艺术创作中不可缺少的一种基本功训练,又是建筑设计过程中一种重要的表达手段。

建筑速写具有简洁、明快、生动和灵活的特点,能够对建筑的主体结构及周边环境进行分析提炼、概括总结,从而领悟设计的精华,提高设计构思的能力。建筑速写作为一项造型艺术的基础训练,对于设计师来说有以下几种意义。

图 1-12　南京金陵饭店配楼设计　黎志涛　《钢笔画技法》

图 1-13　**Hugh Ferriss**　外国建筑铅笔画(1)

图 1-14　**Hugh Ferriss**　外国建筑铅笔画(2)

（一）建筑速写是建筑学和环境设计专业的基础

众所周知，设计的图示语言是设计师将设计思想和设计理念呈现给大众的重要语言，设计表现能力和表现效果是否能客观完整地呈现设计方案的最重要手段，因此设计的快速表现就显得异常重要。而建筑速写则是建筑与室内设计表现的重要基础，没有建筑速写的磨炼就不可能提高设计表现的能力。

建筑速写有利于学生对理性思维和知识的培养，任何设计类的学科都具有一定应用目的，建筑与环境设计更是应该注重其实用的原则。正是这样，对客观事物作出公正科学的判断是非常重要的，从设计类专业课程的安排及授课内容就可以清楚地看到这一点。无论是对于透视的学习还是关于设计方法和设计对象结构的掌握，都是在围绕着这一思想进行教学。在从感性思维到理性思维的过程中，它不仅起到一个衔接牵引的过渡作用，更可对已学习或即将学习的科目进行深入认知实践和预习。比如，透视专业知识最好的训练方式之一就是不断地进行建筑速写，这样无疑可以帮助学生掌握表现对象在客观现象下所产生的一般透视规律，加深对透视理论的理解，为学生能够更好地学习专业的理论性知识开启了自由之门。又如，在庞杂的建筑与环境设计所囊括的各科目中，无一例外地把使用功能作为主要达成的目的之一，并对构成方法及形式都有着独特的内在要求。由于建筑速写表现手段的多样性，通过长期有效的分析性速写训练，对于培养学生理性客观的思考方法起着至关重要的作用，为专业知识的学习提供了一条十分快捷方便的途径。

（二）建筑速写是训练设计思维的重要手段

建筑速写不单纯是一种造型基础练习，最重要的是训练作者的感受和思维。没有对建筑深刻的理解是画不好建筑速写的。建筑速写不仅可以培养观察力和表现力，还可以陶冶艺术情趣，感受大千世界的灵气，从而激发出创作的激情与灵感。

手绘表达对设计思维潜移默化的辅助作用是毋庸置疑的。现代有关认知心理和头脑生理学的研究已建立了一种综合的思维观点，即通过视觉形象构成思维——"观看、想象、表达"。这里表达与思维有机地统一起来了。当思维以一个具体的形象表现出来时，可以说这个思维被图像化了。这种图像化的过程正是设计师将自己头脑中的空间形象转化为视觉形象的过程。在这期间，手绘表达扮演了重要角色。图像可以被看成是设计师的思维与自己画在纸上形象的对话，是眼、手、脑之间的一种互动。而设计师在这个互动环节之中不断丰富、完善自己的设计构思，同时也对手、眼、脑有机、系统的配合进行了训练。正是基于这些原因，我们有理由承认，手绘对于设计思维的促进作用比设计过程中所应用的其他手段更具有直接的意义。

同时，速写也是记录设计思维和灵感的最好方式。灵感的特点是稍纵即逝，具有偶然性和瞬间性，所谓"长期积累、偶然一得"就是这个道理。因此，如何在最短的时间内迅速记录下灵感的火花就成为灵感转化为设计最重要的因素，而速写就是解决这个问题的最好方法之一。

（三）建筑速写是提高综合艺术修养的有效途径

对生活及自然的感受和认识是艺术创造的灵感来源，速写作为记录表现艺术感受的重要手段，是艺术生涯中不可缺少的部分，正所谓"曲不离口，拳不离手"，养成不断实践、积累感受、收集素材的习惯，为创造储备了能源，为表现练就了技术，所以画速写是师法自然、陶情治性的重要途径。

建筑设计是一种文化，通过建筑速写可以提高设计师的素质和修养。它不存在固定的法则和走向，同样的对象，不同的作者会有不同的感受，描绘出来的画面在明暗、构图、风格和形式等方面也会有很大区别，不同的画者创作出来的建筑速写往往是个人思绪、情感的真实写照，它包含着很多思绪的变化。这种充分反映画者主观感受的特点也同样是建筑速写的魅力所在。因此，我们应该多画建筑速写，它不仅对提高绘画的技法能力有很大帮助，而且对丰富我们的情感以及加深对客观世界的认识同样有着难以替代的作用。

三、建筑速写的分类

根据建筑速写使用领域与用途的不同，按主要表现形式速写可分为绘画速写与设计速写两大类。

（一）绘画速写

所谓"绘画速写"，主要是指在油画、国画、版画、水彩、粉画等绘画领域为艺术创作而搜集创作素材的绘画形式，是艺术家感受生活、记录生活的方式，也是艺术家提高艺术造型能力的重要训练手段（图1-15）。

（二）设计速写

"设计速写"是指设计艺术家用于收集设计资料和记录设计理念的艺术表现形式，是设计艺术家寻找设计灵感、培养设计创新能力的重要方式和途径。设计艺术家也可以用速写来记录思维过程。同时，设计速写作为一种独特的艺术语言，也是设计师进行艺术表现、传达设计构思的一种快速有效的艺术表现形式，它是大多数设计专业进行设计表现的重要手段（图1-16）。

相对而言，绘画速写和设计速写都是用于各自领域的创作或设计素材的搜集、艺术或设计造型能力的培养等，两者并无本质区别。绘画速写与设计速写的区别在于：绘画速写侧重绘画形式感和绘画语言的个性表达，在把握建筑对象基本形体特征的基础上，可以适度地夸张、变形，以突出个性特点，同时绘画速写比较注重绘画形式的美感和整个画面的艺术效果。设计速写则注重实用性，为设计服务，在描绘时非常重视描绘的建筑主体及配景的形体结构、比例关系，讲究造型的科学合理性以及线条的严谨性等。

四、建筑速写的意义

（一）建筑速写的教学意义

设计艺术作为一种实用艺术，除有一定的文字方案和说明文字外，主要是依靠视觉造型语言来表达设计者的创意构想。尽管随着当代各种媒介的日趋丰富，设计可以多种手法、方式予以表现，但迄今为止使用最多而又最便捷的视觉艺术形式莫过于徒手绘画了，无论是建筑设计还是环境设计或者其他设计，大都需要经过素材整理、构思方案草图、绘制效果预想图三个阶段。建筑速写在以上三个方面都有独到的艺术表现效果，建筑速写作为独特的艺术形式，既是训练造型的手段，又是一种独立的绘画表现形式。它有着简洁、鲜活、生动、率真的特点。建筑速写以建筑场景为主要表现内容，是我们每天都在体验着的生活环境，其画面会使人倍感亲切，它清爽、灵动、飘逸，洋溢着浓郁的生活气息。在造型基础训练中，可使学生通过写生对艺术形式美的规律和表现技巧有更深入的认识和理解。正是由于这种实用与艺术兼得的特征，建筑速写长期以来一直是建筑、环境设计专业教学中重要的基础课。

图 1-15 龙须岛 吴冠中 《吴冠中自选速写集》

图 1-16　设计表现

　　随着科学技术的不断进步,计算机的应用给建筑设计带来了历史性的变革(图 1-17)。在这种形势下,有人认为建筑速写这种徒手绘画将会逐渐被那些先进的手段所代替。其实不然,虽然计算机已普遍运用于建筑设计中,并充分展现出其优越性,但这些设备无论多先进,都只是由人操作的机械行为;然而,建筑设计的过程是创造性思维的过程,是设计人员主观意识形态的反映。因为它是人的情感、思维、审美与表达最为天然和紧密的结合方式。徒手画速写的过程,就是在瞬间将人的观察力、判断力、审美力、情感力和表现力凝结的反映,是一个在极短时间内完成的艺术创造性活动。不断培养、提高和调动这种能力,对于建筑设计师来说,是必不可少的专业素质构成。因此,建筑师要有艺术思维能力和创作的灵感,而这种灵感是任何先进的机器所不具备的,也不可能被某种现代技术所替代;只有通过建筑师的不断学习和实践,广泛地吸取知识,才能真正获得。这也正是我们学习、训练建筑速写的意义所在。反之,随着徒手表现能力的增强,能够更大限度地挖掘计算机绘图的潜在能力,表现手段也更为灵活多样。

　　学生在进行建筑速写训练过程中,需要根据对象的不同特点运用丰富的线条,或细腻或粗犷或严谨或生动地表现出客观事物,可以用单纯的线描表现作品的潇洒,可以用明暗写实的方法表现客观,更可以用装饰变形方法表现个性,形式多种多样。在熟练掌握建筑速写的绘画语言和绘画技巧后,有效地发挥建筑速写准确、生动、轻松、随意、流畅、明快的特点,能创造出更多更美的形式,这样有利于培养设计师对事物的客观感性认识。另外,在设计师长期从事建筑速写创作之后,必然会慢慢形成自己的艺术风格,这种艺术风格就会体现出设计师的思想及审美情趣,并成为其艺术作品使人流连忘返的理由。任何有关艺术的学科都离不开对学生艺术个性的塑造,但这对学校和教师来讲确实是难以解决的问题,因为个性和专业性的冲突是不可避免的。对建筑与环境艺术专业的学生来讲,建筑速写可能是最具亲和力的专业课程之一,它的表现手段丰富,形式轻松,很容易成为教师和学

图 1-17　计算机表现图　安才武

生在专业知识和思想上进行沟通的平台,进而使教师正确引导学生艺术个性的发展为一种可能(图 1-18)。

(二) 建筑速写的现实意义

速写与素描都是造型艺术训练的必要方式,是相辅相成的,缺一不可。素描是在相对比较长的时间里所做的造型研究性训练,而速写则更强调在较短的时间内抓住物象的整体感觉和形象特征,对物象进行提炼、概括的表现,是造型感受性训练。

建筑速写指的是迅速描绘对象的临场习作。它要求在短时间内,使用简单的绘画工具,以简练的线条扼要地画出对象的形体特征、动势和神态。它可以记录形象,为创作收集素材。在这个意义上,它可视为写生的一种,同时还可以作为一种独特的艺术表现形式或设计构思和表现,是设计师向客观世界的艺术表达方式走出的第一步。好的建筑速写与其他绘画形式一样,都有独立存在的艺术价值。我们从古今中外的建筑大师及绘画大师的作品中可以看到,他们除了创作出许多经典的名作之外,还留下了大量生动的建筑速写作品和风景画作品,这些作品同样成为人类艺术宝库中的瑰宝。

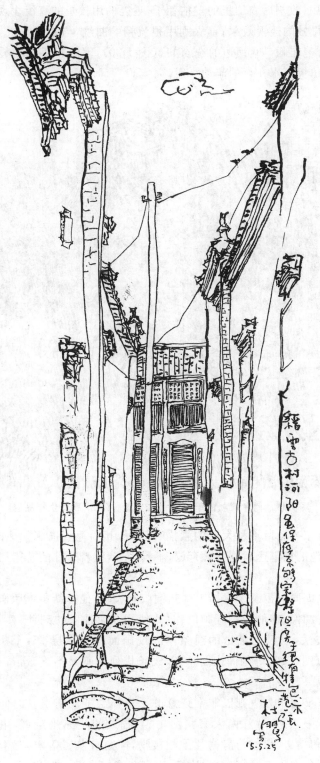

图 1-18　河阳古村速写示范　杜鹏

凡·高的钢笔画和他的油画作品一样,有着强烈主观情感的表现。在《阿尔农村的干草垛》(图 1-19)一画中,收割后农田里的麦秸茬子,近处的用较短的直线表现,而远处的则用点来表示,这样具有微妙的透视效果;草垛则用很流畅的曲线,与农田形成有趣的对比。凡·高还用自制的麦秆笔作画,如《河边的洗衣妇》(图 1-20),笔触粗犷且稍显笨拙,单线条组织形成很强的动势,仿佛河水在真的流动一般。

图 1-19 阿尔农村的干草垛 凡·高 《凡·高写生精品集》

杰出的法国画家米勒留下了大量的素描和速写,其铅笔素描犹如他的油画作品一样有着朦胧的调子,而他的钢笔速写则笔触奔放,不拘小节,有着非凡的感染力,如《地边的小路》(图 1-21)。

油画大师伦勃朗同时也是个素描大师和铜版画大师,他革新了铜版画的制作技艺,以线条组织精细地表现物像,在他的铜版画制作中,使用非腐蚀版的刻针,其刻画方法借鉴了钢笔画的线条表现技法,以极为细密的线条网表现画面的明暗层次。《茅屋和草垛的风景》(图 1-22)、《风景》(图 1-23)等画面构图严谨,线条排列精美又不乏激情,有着丰富的明暗层次和强烈的素描效果。

中国著名画家吴冠中先生则以非常诗意的手法描绘了江南水乡的优美景色,寄托了作者对家乡美景的无限依恋。《江南人家》(图 1-24)描绘的是苏州角直,角直小镇人家密集,前、后、左、右房屋相挤碰,房檐与房檐几乎相接吻,门窗参差错落,具有密密层层、重重叠叠的丰富感。众多形象在争夺画家的视线:横、直、宽、窄、升、跌、进、出……造成了非静止感的复杂结构。期间交织着错觉,"错觉"是"敏感"的直系亲属。作者追捕错觉中的造型构成,那

图 1-20 河边的洗衣妇 凡·高 《凡·高写生精品集》

图 1-21　地边的小路　米勒　《线之景》

图 1-22　茅屋和草垛的风景　伦勃朗　《线之景》

以块面为主导的房顶与门窗形体"交响曲",黑、白、灰之分布虽源于客观对象,但受控于"乐曲"的指挥。高高的白墙顶天而坠,一个拐折而由小桥接力,小桥的台阶横道收缩了众多垂线。从最大块的屋顶到最小点的窗,从纯黑的洞到纯白的墙,尽量发挥对比功效,使整个画面充满韵律之美。

图 1-23　风景　伦勃朗　《线之景》

图 1-24　江南人家　吴冠中　《吴冠中自选速写集》

　　《水乡摆渡》(图 1-25)是一幅极有诗意的作品,作者以诗人的情怀、写意的笔法描绘了水乡摆渡这一司空见惯的景致,画面唯美、温婉、轻松,仿佛置身于吴侬软语的情境之中,具有极强的感染力。

图 1-25　水乡摆渡　吴冠中　《吴冠中自选速写集》

由于对建筑具有专业性的理解,因此建筑大师所画的建筑速写对所绘建筑在比例、结构乃至细节等方面的准确性,自然非一般美术家所能比。他们的作品已经不是一般意义上的建筑画,而是具有极高艺术品位和水准的绘画作品。

　　齐康先生的《风风雨雨》(图1-26)用犀利的斜线描绘物像,笔法大刀阔斧,似乱却极有规律,将风雨交加的感觉表现得淋漓尽致;《布拉格圣维塔教堂》(图1-27)造型准确、笔法娴熟、虚实相生;《长江》(图1-28)以极其简练的笔法,寥寥数笔就把长江的辽阔、悠远表现出来,令人叹为观止。

　　何镇强先生的《敦煌莫高窟》(图1-29)及《月牙泉》(图1-30)系列速写,画家用横幅的形式、简练的笔调描绘了大漠、黄土高原的空旷、博大雄浑的景观。

图 1-26　风风雨雨　齐康　《风景入画》

图 1-27　布拉格圣维塔教堂　齐康　《风景入画》

图 1-28　长江　齐康　《风景入画》

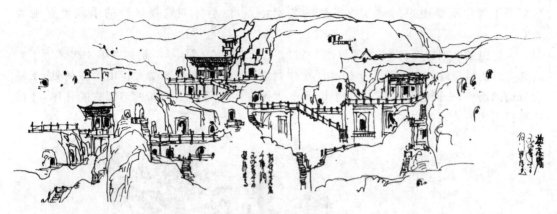

图 1-29　敦煌莫高窟　何镇强　《线之景》

图 1-30　月牙泉　何镇强　《线之景》

第二节　建筑速写的艺术与技能

速写示范 1

一、建筑速写的艺术感受

德加说:"素描画的不是形体,而是对形体的观察(或是一种感受)。"马奈也对此有论述,他说:"重要的是在表达内心的感受和情绪,是一种简化的方式使表达出来的东西更简练、更率真,轻快而直接地走进观众的心灵。"

那么在建筑速写中该画什么呢? 我们说:是感受。只有在敏锐的观察力下感受到美,才能运用技巧去表现它,这样在动笔之前就有一个对生活的观察和对感受的积累问题。

(一) 感受的全面性

画一个地方的风景,不仅仅只是被动地画它的风光,而应该主动从历史、风俗、文化、地域、生活习惯等方面对这一地区进行全方位了解,如从历史文献、社会活动,或与百姓的接触、交流中能得到整体本质的印象和感受,并从纯感性认识上升到理性认识。因此,我们不能"只见树木不见森林",而要把握全面性,无论从艺术感觉上还是技法上都要充分、全面地了解你所要表现的建筑或风景的艺术特点,然后才能选择适合的手段更好地表现它。

太行山的系列速写《崖上人家》(图 1-31)和《飞流直下》(图 1-32)是作者第一次亲历了太行郭亮村的雄奇险峻之美的写生作品。在作画之前必须深刻地感受太行山美在何处,了解太行山的历史,全面感受太行山之雄伟、大气以及在中国人心中的那种丰碑式的伟岸,才能选择适当的方式表达它的不屈和坚强及刀劈斧削般的坚毅之美。

图 1-31　崖上人家　杜鹏

(二) 感受的形象性

绘画是视觉艺术,用可视的形象传达意念和感受主题是其目的。要解决从现实的生活和自然的风光中提炼、组成可视的画面形象,除了理性的解读、生活的体验之外,更重要的是要训练视觉观察的敏锐性,即所谓要有艺术的眼光,也是对有"画面"观察力眼光的培养。

图 1-32　飞流直下　杜鹏

　　任何一种艺术感受都要通过视觉画面来体现,艺术家是拿着笔来思考的。用画面的眼光去观察、收集、积累,凭看到和感受到的内容就可以想象到画面的效果,并养成这种习惯,这就是形象思维的特点。

　　《山村》(图 1-33)作者通过对山势和建筑的概括与取舍,以密集的石头路基形成很强的节奏感,与简洁的山形塑造了开阔的境界。

　　《洛桑瑞彭纳广场印象》(图 1-34),广场的主体建筑是吕密纳宫,远处高起的是圣母大教堂,该广场位于旧区中心,几条道路汇集于此,车水马龙、人来人往,为了表达这种繁杂的场景,用杂乱的线条,在无序中引申出广场的轮廓。

图 1-33　山村　李全民　《风景写生钢笔技法》

图 1-34　洛桑瑞彭纳广场印象　刘甦　《城市年轮》

(三) 感受的独特性

不同的人画同一个风景，画出来的感觉可能完全不同，这就是感受的独特性。

对感受独特性的要求，并不是要我们在作画时对风景题材不加选择，甚至不管到什么地方都画同一种景物，而是应有重点地挑选取舍。其依据就是抓住有艺术特点的感受内容，避免泛泛的、平淡的描述。

画不出有特点的东西，往往不是因为技巧不足，多是因为没有感受到有特点的内容。就主观方面而言,感受的独特性应有明显的个人风格、爱好。这种个性特色是在客观特色的感受基础上,进一步找出个人对地区、景物等的独特感受。

要找到自己的独特感受,一是要直接从自然中去学习,发现独特美;二是要主动去感受,保持对事物的敏锐感,时时具有像儿童天真童趣般的新鲜感;三是要向古今中外的大师和同行学习,并融会贯通成为自己的表现语言,"外师造化,中得心源"就是这种艺术感受的方法。

《后宰门居住区雪景》(图 1-35)作者敏锐地抓住了大雪纷飞、动中有静的特点,计白当黑,用大面积的空白表现白雪,以短促、细碎而具有动感的小线条表现建筑和天空,营造了一种纷纷扬扬、似动亦静的意境。

图 1-35　后宰门居住区雪景　郑炘　《线之景》

《烟锁西塘》(图 1-36)描绘的浙江西塘镇晨雾中的景色,以高度的概括力抓住景色的主要特征,省略了两边连绵的建筑群,以一屋、一树、几条船去表现暮霭初开、轻纱缭绕、水波荡漾、无声胜有声的水乡魂魄,抒发了作者对水乡的眷恋之情。

(四) 发现的重要性

罗丹说:"我们的生活中并不缺少美,缺少的是发现。"这深刻说明了发现的重要性,没有发现就没有美。

1. 绘画画的是感受,而不是直接摹写

郑板桥在"题画"中写道:"江馆清秋,晨起看竹,烟光、日影、雾气,皆浮动于疏枝密叶之间。胸中勃勃,遂有画意。其实,胸中之竹,并不是眼中之竹也。因而磨墨、展纸、落笔、倏作变相,手中之竹,又不是胸中之竹也。"

这一段形象地说明了创作过程的一般规律。"眼中之竹"激起了画家的创作欲望,也调

速写示范 2

动了画家的生活积累和情感记忆,虚构而形成的"胸中之竹",这已不是竹的自然形态而是融进艺术家客观色彩的意象形态了,这就是作品的结构过程;再磨墨、展纸、落笔,才构成能使人感知的直观形象;"手中之竹"又很可能不是"胸中之竹",这需要作者有高度的艺术素养和经验积累,才能在实际创作中涌出"神来之笔"(图 1-37 和图 1-38)。

图 1-36　烟锁西塘　杜鹏

图 1-37　竹子　杜鹏摄

图 1-38 墨竹 郑板桥

《华山西峰》(图 1-39)以线组织结构,直上数千仞;奔放转折的石纹凸显山之形,与大笔触的树形形成对比,充分展示了气势与质感之美。

图 1-39　华山西峰　吴冠中　《吴冠中自选速写集》

2. 勤于观察、敏于发现

李可染先生说"画从静中来",静静地观察、体会,就可以发现别人发现不了的美。

美是客观存在的,也是深藏于内心的。它可能会随着画者的心境变化而变化成不同意义和象征的美,这正是建筑之美的魅力所在。庄子曰:"天下有大美而不言",美是无处不在的,就看你是否能够发现。作为一名设计师,应该具备常人所没有的意识去观察你所面对的一切事物,要养成一种对周围环境有意识地观察与思考的习惯,要善于以小见大,善于在身边发现美,这种敏感性是设计师所必备的素质。

《故乡风景》(图 1-40),是中国农村最常见的普通景象,在画家的笔下竟是如此美丽,虽不见春夏的茂盛,却依然富有生机,冬光暖影、心胸开阔,把铅华洗尽,便是北方山林的从容,这就是发现的力量。

图 1-40　故乡风景　郑炘　《线之景》

　　《行画古村落》(图 1-41)画的是古村落最不起眼的屋顶,鳞次栉比、疏密有致,富有极强的层次美和节奏美;以线条勾勒,用心于每一根线条的跳动,交错的节奏、虚实疏密的布局,让人不得不惊异于古人的审美情趣竟如此富有意蕴。

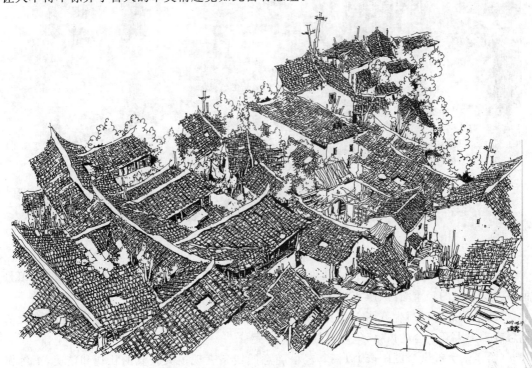

图 1-41　俯瞰松阳村　王夏露　《行画古村落》

（五）画味的体现

同样是对景物的写生,每个人画出来的风格各不相同,这就是画味的不同。画味源自每个人的修养、性格、审美趣味。有的作品,你不能不承认他对自然摹写的准确性、忠实性,如照相机般忠实地再现原貌,但在忠实摹写之外,却难以感受到艺术的感染力、冲击力,这就是缺乏画味,究其原因便是综合修养不足。

要想体现画味,要注意以下几点。

(1) 笔法要肯定、干脆、趣味、有力,忌磨描、软弱无力、漂浮虚体。

(2) 笔法要有金石味,宁拙勿巧、宁方勿圆、宁涩勿滑是其基调,忌顺滑、甜俗。

(3) 笔法要生动活泼,充满生命力,忌死板、呆板。

《小章村口》(图 1-42)画的是浙江缙云县的一个山村,这个村子里都是土坯建筑,很有特点。作者运用深浅不同的两只美工笔,通过手指的皴擦点染,营造了一种温润、敦厚与淳朴的风格。

图 1-42　小章村口　杜鹏

《西塘古镇》(图 1-43)运用生涩、稚拙的线条,以装饰性的趣味手法描绘了西塘古镇景色,在这里,线的轻重缓急、虚实变化非常重要,它是体现画味的根本。

《新中国造船厂写生》(图 1-44)画面选择了仰视角度,凸显船体的高大雄伟,运用宽大的笔触表现出大开大合的风格,笔触雄健、气魄十足。

《哈尔滨大教堂》(图 1-45)以极其轻松随意的线条表现了大教堂的壮观和精美,简练概括又不失细腻。

图1-43 西塘古镇 杜鹏

图1-44 新中国造船厂写生 孙犁 《孙犁乡土风景速写》

图 1-45　哈尔滨大教堂　郑炘　《线之景》

《黟县西递村》(图 1-46)以独特的构图视角、强烈的明暗对比、钢笔皴擦的手法表现了古村的历史沧桑感。

二、建筑速写的基本技能

(一) 具备扎实的造型技能

首先要具备过硬的素描基本功。建筑速写是造型艺术,对形体、结构、比例、透视有着严格的要求。速写相对于可以慢慢思考的素描难度更大,因为作者要在很短的时间内观察、取景、构图并进行艺术表现,这需要很好的画面控制能力和对艺术的理解能力,以及较高的审美能力。画好建筑速写,除了要掌握一般绘画的基本功以外,主要的还要掌握各种建筑速写工具的使用。用钢笔作画就要熟练运用钢笔的一些特殊技巧,如线条的排列组合,曲线的韵律,如何把线组织得有节奏;对于线条疏密对比的运用,黑白对比的运用,这些都是钢笔画所需具备的特殊技能。

(二) 掌握专业的基础知识

建筑速写是建筑学和环艺专业的基础,是专业性较强的速写形式,它必须建立在对专业

图 1-46 黟县西递村 杜鹏

设计有一定了解和掌握的基础之上,才能更好地画好建筑速写。因此,在学习建筑速写的同时,还要学习一定的专业设计知识,要对建筑及环境的形制、结构、工艺、材料以及质感都有一定了解,这是画好建筑速写的重要因素。

(三) 具备较高的审美素养

建筑速写既是一种专业基本功,也是一种独立的艺术形式,绘画者的个人修养、审美情趣将决定作品的品位和水平。因此,画好建筑速写除了要具备扎实的绘画基本功之外,更要博学多思,要学会从其他的艺术形式中汲取营养,善于从传统艺术以及国外艺术大师的作品中学习,不断提高自己的艺术修养,丰富自己的艺术表现手段。

1. 建筑速写的基本概念是什么?
2. 建筑速写对于专业设计具有哪些意义?举例说明。
3. 谈谈学习建筑速写的方法。

建筑速写基础知识

第一节　建筑速写的工具材料

　　建筑速写的常用工具一般包括速写本、纸笔和墨水等。建筑速写没有画笔和纸张的限制,铅笔、钢笔、针管笔、炭笔等均可用,白纸、色纸、宣纸、透明纸都可用。初学者应该尝试使用各种不同的工具和材料,体会它们的性格和魅力,然后选择适合自己的材料及工具。只有了解和掌握各种绘画工具的特性,扬长避短,才能应用自如。

一、工具

　　建筑速写的工具也常是绘画的工具,简单、普遍、携带方便、价格便宜,往往只需要一支笔就能表现出丰富的艺术效果。在挑选工具的过程中,要注意不管选用哪种笔,最重要的是出墨要顺畅。

(一) 常用笔

　　目前建筑速写最为常用的笔有钢笔、美工笔、针管笔、中性笔、铅笔等,主要特点是购买和使用方便、易掌握、表现力强等。

　　钢笔是最为常见的速写绘画工具,美术用品店还有速写专用钢笔,笔尖都是通过特殊处理的,可以画出富有粗细变化的线条,产生特殊的画面效果。

　　美工笔是在钢笔的基础上,根据绘图用笔的多样性和画面的表现力进一步研究拓展出来的。美工笔是特制的弯头钢笔,借助不同的笔头倾斜度,不同的下笔力度,可以画出各种不同性质的线条,笔触变化丰富,有助于勾勒出情感丰盈的画面。也可以线面结合,使画面灵活多变,增强了线条的表现力,也更加丰富了画面艺术感染力(图 2-1)。

图 2-1　美工笔速写　耶鲁大学校园　杜鹏

　　中性笔按照笔尖粗细分为 0.35mm、0.38mm、0.5mm 等,规格多样,出墨顺畅,目前是速写常用的表现工具。针管笔是设计制图的常用工具,目前使用的大多为一次性针管笔。针管笔有不同粗细,一般配备 0.1mm、0.3mm、0.5mm、0.7mm 等笔尖(图 2-2)。

图 2-2　针管笔速写　蒙山大洼　杜鹏

铅笔的特点是书写顺滑流畅,适用于以线条和明暗为表现对象的画法。铅笔画出的线条有粗细、浓淡等画面效果,不同硬度和形式的铅笔有其独特的表现效果。其最大的优点是可以擦涂和反复修改,适合绘制速写的起形底稿,初学者宜使用铅笔(图 2-3)。

图 2-3 铅笔速写 黟县塔川 杜鹏

（二）其他各种笔

建筑速写不仅仅局限为以钢笔、签字笔等工具所表现的画面，而是已经拓展到圆珠笔、记号笔、宽头笔、软性尖头笔、马克笔等为工具所表现的画面。只要敢于尝试和探索，就会发现有些特殊的笔具有极强的表现力，使建筑速写的表现语言更加丰富多彩。

木工铅笔扁平的形状使线条有锋利感和力度感。长方笔形尖部扁平，可画出颇具特色的笔痕。重粗笔形能形成很尖锐的方线条，若变换压力和方向，能画出柔软的线条，而不同方向交叉，又制造出另一种视觉效果。把铅笔削成独特形状，又能产生独特效果。

彩色铅笔分为水溶性和油性两种，速写用彩色铅笔一般选用水溶性的。彩色铅笔是速写中比较常用的工具，用水溶性彩色铅笔画好后，再蘸水晕染，便可产生富于变化的色彩效果。彩色铅笔颜色可混合使用，产生像水彩一样的效果，表面粗糙的纸张是彩色铅笔画最好的选择。

马克笔表现的作品色彩鲜艳、笔触肯定，易于产生较强的对比。要丰富画面层次，一方面要靠丰富的色彩及明暗重叠，另一方面要靠线条粗细黑白的对比。

炭笔富有柔韧性以及厚重浓烈、视觉冲击力强的特点，同时也具有震撼力，易产生柔顺黑亮的笔迹。但由于其附着力不强，要用固定剂，否则无法保持最初效果。

炭条具有线条粗、调子均匀等优点，适合表现较大场景的速写，但也存在质地松软、画面光泽度弱、附着力差等缺点，整体画感轻盈，画面如不借助固定剂，容易褪色脱落。

二、材料

建筑速写除了采用钢笔、签字笔等工具之外，还需使用纸张、墨水、涂改液等材料。

（一）纸张

画纸是速写艺术承载的直接对象。建筑速写所选用的纸张种类很多，应根据自己的绘画风格和喜好选择适合自己作品的纸张类型。不同的纸张因质地纹理不同，可产生不同的画面效果，如能巧妙利用，会使作品充满创造力，这也是创作、写生的一部分。纸张表面的粗糙度会影响线条的质量，对于钢笔绘画，适宜用不渗水的纸，如素描纸、牛皮纸、漫画纸、复印纸、绘图纸、图画纸等，是使用最广泛的速写用纸。

速写本方便携带，容易购买。速写本用纸一般为素描纸，吸水性强，纸面有肌理，画出的线条容易掌握。缺点是幅面有一定限制，不容易画较大构图。

普通复印纸是常用的办公及书写用纸。有 A4、A3 等标准规格，纸面光滑，画出的线条流畅，吸水性适中，是速写用纸的理想选择。

铜版纸的纸面光滑、吸水性较差，画面效果酣畅淋漓，结合马克笔效果更佳，能保留马克笔的笔触不受覆色的影响。

水彩纸吸水性适中，表面有纹理，棉性、韧性极佳，最适合美工笔画建筑速写，也可配合马克笔、钢笔淡彩写生使用。

另外，还有色卡纸、宣纸、硫酸纸、有色纸等，追求特殊画面效果可以选择使用（图 2-4 和图 2-5）。

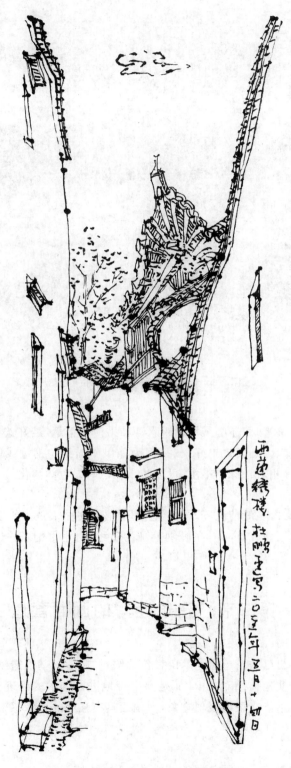

图 2-4 宣纸速写 西递绣楼 杜鹏

图 2-5　有色纸速写　西递村外　杜鹏

（二）墨水

在使用钢笔和美工笔时，还必须用到墨水。如果使用钢笔，最好选择墨色纯正、不渗色、不跑色的墨水。一是因为画面效果好，二是因为如果所描绘的钢笔线稿是作为彩色效果表现图的底稿，那么选择相对特殊的墨水，可以防止上色时墨色的渗化。

（三）辅助材料

钢笔线条不易修改，一般情况下，在描绘过程中不能进行删减，在万不得已的情况下，也可采用涂改液进行适当修改，因此，在画钢笔画的过程中，也可配备一支涂改液。另外辅助工具有橡皮、小刀、夹子等。

第二节　建筑速写的画面营造

徒手表达

绘画是作画者将自己的情感用艺术语言传达给对方，随着基本造型能力的增强，写生将不仅仅停留在准确如实地描绘对象上，而是要主观地进行艺术的处理。运用概括、取舍、对比、强调等造型手法，情景交融地表现物象，使画面具有强烈的艺术感染力。

一、取景与构图

取景与构图是建筑速写必须掌握的基本功，一幅画是否完整、统一，在很大程度上取决于画面选景构图的好坏，简单地讲就是如何组织画面。当我们面对现实场景写生时，首先遇到的是如何选景,然后怎样安排构图,使画面能充分且有力地体现作者的意图,产生艺术感染力,这就是取景构图的主要内容。

(一) 观察

建筑速写所面临的第一个问题是寻找、发现所要绘制的建筑与环境的素材和题材,发现建筑环境中对画者有吸引力、能感动画者的绘画内容。

在遵循绘画形式美法则的基础上,要根据自己的爱好、兴趣和感受确定绘画对象(即确定画面内容和主体)。可以根据需要做相应的移动和删减选择自己最想画的那部分景色,使画面更加精炼和集中,一定要克服观察不仔细、缺乏现场感受、见什么画什么的盲目性。通过加强速写练习,可以达到既学习表现技法又提高审美能力的目的。

写生过程是个观察的过程,通过观察能识别建筑形体及形体中各种复杂微妙的变化,同时也训练眼睛对色彩敏锐的反应能力。观察是建筑写生不可缺少的步骤。面对建筑物,我们首先要从不同角度和同一角度的不同距离进行反复观察比较,体会建筑物外部形体和内在神韵的变化,使自己对建筑物有深刻的认识,然后选择能体现建筑形态特征的最佳视角和最佳距离。当确定好作画角度和位置时,再进一步进行观察研究。

(二) 取景

取景首先意味着选择,从复杂的自然环境中努力选择那些即将进入画面的视觉元素,使视觉感到愉快且形式上具有吸引力。选择时,要注意建筑主体或建筑的某一局部占有重要的位置,以突出主体。主体与环境的安排要有主次和层次,通常以主体和其周边环境或近、中、远景来组成画面的空间层次关系,其在画面中占有的位置、形状、大小就是画面分割的关系。取景时,可通过取景框观察远、中、近景的层次关系,取景框可以是手势、自制纸板取景框或是借助数码照相机的取景屏幕。然后分析一下哪里是视觉中心,哪里需要淡化,以及各个景物在画面中所占的位置、比例关系。为了作画有把握,可以用取景框帮助观察和选景,也可以在纸上进行小草图演示分析,这样可以明确地选出理想的角度,形成完整的构图(图2-6)。

(三) 构图

构图是指画面的结构,是表现作品内容的重要因素,完成一幅艺术性较高的速写作品,要求我们把构成画面的各个部分统一起来,在画面上对所表现的主体物象进行强调、突出,舍弃那些次要的、烦琐的东西。构图上要做到主次分明、相互呼应、虚实相间、对比适度等,一切服从主题的表现,又要符合均衡与对称、对比与和谐统一的形式美法则。构图的原则总的来说有两项,一是要完整,二是要有层次感。

构图的完整性是指画面要饱满、形象要完整。画面安排不能太紧凑,也不能太松散,要适合整个纸张的大小。如图2-7所示为一幅农家小院场景写生,场景不大但内容丰富,有很强的生活味道。其中有散落的生产工具、废旧的家具和自行车,以及近景的柴垛和垃圾、院里的果树等,都是表现的内容。将众多信息一一纳入表现范围,通过适当的取舍,最终形成生动完整的画面。

构图的层次感要求建筑速写中表现内容尽量有远景、中景、近景的差异,目的是丰富画面层次效果,并且尽量加大画面的空间层次。以建筑主体为中心,近景为衬托、远景为背景的画面关系为最佳的构图表现形式(图2-8)。

图 2-6　同一景物的不同取景

图 2-7　画面的完整性　农家小院　谢宇光　《建筑速写》

图 2-8　画面的层次感　《建筑速写》

　　钢笔画不宜修改,要求作画时首先要对整个画面有一个统筹的思考,养成意在笔先的习惯。初学者可先用铅笔起稿,把握画面的大致尺度,也可以先用小图勾勒的方式来推敲构图,以便在写生过程中驾驭整个画面。画面布局时应注意画面趣味中心(即主体)的确立。主体的位置安排要根据场景的内容而定。一般情况下,主体不宜置于画面的最中心位置,过于居中会使人感到呆板;但也不要太偏,太偏又会给人带来主题不够突出的感觉,应该将主体置于画面的中心附近。

　　均衡是构图在统一中求变化的基本规律,画面上下、左右物象的形状、大小的安排应给人以视觉上的重量均衡感和安定感(图 2-9)。构图时,还要注意画面图形(正形)和留白(负形)处的面积对比。正形过大,给人一种拥挤与局促的视觉印象,人感到压抑;而过小又会给人一种空旷与稀疏的视觉印象。在写生中,构图经常是一个全过程的经营,不到最后一笔不算完成,只有将构图的艺术与表现技法完美结合,才能够创造出艺术性较强的作品。

　　同一建筑,从不同的角度及视点构图将产生不同的视觉感受。视点的选择不宜过高或过低,可视建筑的高低大小而定,一般情况下,建筑越高大,视点则越低,体现建筑高耸挺拔的感觉;低矮的建筑视点略高些,给人以亲切感。建筑写生作品和建筑画都需要选择最能表达建筑的特征又能容易表达建筑空间立体感的角度(图 2-10 和图 2-11)。

二、造型与组织

　　建筑速写不是像照相机一样对现实场景摹写,它带有作者艺术审美、情感投入以及艺术再创作的因素,因此,作者会通过对画面的造型与组织,运用各种艺术手法营造场景的虚实、主次、节奏等画面效果。

图 2-9　画面的均衡感　夏克梁　《印象建筑》

（一）概括与取舍

　　自然界的物体纷乱繁杂，写生不等于照相，如果只是"真实"地反映自然，画面不但会显得杂乱无章、无主题、无层次，也谈不上艺术地再现自然。建筑速写与其他画种相比，有其鲜明的特点，画面的中间层次缺少细腻的变化，黑白对比强烈。因此，写生特别要注意概括与提炼、选择和集中，保留那些最重要、最突出和最有表现力的东西并加以强调，而对于那些次要的、变化甚微的细节进行概括、归纳，才能够把较复杂的自然形体有条不紊地表现出来，画面也才能避免机械呆板、无主次，从而获得富有韵律感、节奏感的形式，有力地表现建筑的造型特征。

　　取舍是画面处理的主要艺术手法之一。在建筑速写中，面对所选定的场景，经常会碰到某些部分对于画面处理来说不够和谐与完美，通过取舍不但能够灵活地移动、增减画面中的元素，将表现中遇到的不利条件转化为有利条件，并且能够有效地增强曲面的整体协调性、场景气氛感和艺术表现力。

　　取舍的处理手法，是对画面内容、布局结构等进行主观地概括和提炼。通过"取"的方式，将原本场景中缺少的部分内容从外部借取过来，在画面中进行适当的安排，使其有利于画面的构图及表现；通过"舍"的方式，舍弃与主体无关且对构图造成不利影响的形象，以此突出主题，并使构图的结构安排更为合理，画面更加完整，主题更加突出。

图 2-10　仰视角度　陈新生　《钢笔画表现技法》

图 2-11 俯视角度 陈新生 《钢笔画表现技法》

　　以《山村小景》(图 2-12)为例,根据场景进行整体观察,做一番具体分析,然后进行适当的取舍。凡是与主题无关的因素或影响画面表现的要素要敢于大胆删减。本图要表现的重点是高低错落、疏密有致的房屋建筑群,在处理此场景时,舍去了前景遮挡视线的大树和大面积的空洞河床,为了加强视觉中心的表现效果,还舍去了对远山的描绘,使画面更生动,主题更明确(图 2-13)。

图 2-12　山村小景原貌

图 2-13　山村小景　谢宇光　《建筑速写》

（二）对比与调整

任何一种造型艺术都讲究对比的艺术效果，建筑速写也不例外。画面中如缺少对比会显得平淡，而对比无度又显得杂乱。对比可使画面的空间产生主次、虚实、远近的变化，还可使画面的主题明确，从而使画面生动而富有变化。因此，在处理画面时要学会掌握一些有效的对比手法，彼此相互强调、相互衬托，以强调画面的变化、表现主题和突出重点。对比手法的运用既要自然，又要合理，不必强求，强求的对比效果常常使画面显得虚假、不真实。

1. 虚实对比

虚实对比是处理画面主次及空间关系的最有效方法，"实"可通过密集的线条表达具象的物体，"虚"则是通过疏松的线条展现抽象的形态。画面的虚实处理需要发挥我们的主观能动作用，以画面主次为依据，根据主观意识进行必要的取舍。在建筑速写过程中，可以对景物进行适当的裁剪、简化和虚化处理。建筑速写不是对客观景物的自然描摹，它是对建筑场景的艺术处理，概括并减少主体建筑相邻面及周围面的层次，从而充分体现虚实相生、灵动变化的画面效果。一般来讲，画面整体处理太虚，会出现松散、空洞的效果；画面处理处处都实，又给人拥挤、无主次的感觉。既要考虑建筑主体的布局，又要考虑把配景有虚有实地安排在同一画面里。画面里既要有实在的物体存在，又要适当地安排一些留白或虚处理的景物。写生时，将画面的主要建筑物或前景部分进行深入刻画，予以强调，而将次要部分、配景或远景进行概括简化处理，使画面中的主要物体实、次要物体虚，或者近处实、远处虚，从而突出了主题和空间层次（图2-14）。

图 2-14　空间虚实对比　夏克梁　《夏克梁钢笔建筑写生与解析》

2. 明暗对比

明暗对比是指画面明暗强弱的对比,明暗对比是增强空间效果的最有效方法。明暗对比的处理手法在画面中往往以黑、白、灰关系表现景物的层次,三者之间的对比和穿插运用得当,可以表现出景物远近的空间距离,使画面产生透视纵深感和丰富的节奏感,也可起到强调主体,突出重点的作用,以增强建筑的体量感和空间层次感(图 2-15)。

图 2-15　明暗对比　夏克梁　《夏克梁钢笔建筑写生与解析》

3. 面积对比

面积对比是指不同物体在同一画面中所占面积大小的比例。主体是画面中的视觉中心,其面积在画面中应占有一定的比例,而次要部分则只是陪衬与从属,因而所占面积较小。主体与次要部分在画面中所占的面积形成了不同大小的对比,也强化了主题(图 2-16)。

4. 疏密对比

疏密对比是建筑速写中常用的表现手法,疏密程度的不同,画面所呈现的视觉重点就会不同。根据画面需要,有些物体要做简化处理,有些地方通过增加线条的数量、密度做密集处理,这样可以使物象之间层次对比加强、主次形象分明。总之,在一幅画面中要做到整体上疏密有致、处理得当。缺乏多样变化的画面是单调的,疏密程度不同,可达到黑、白、灰的画面效果,画面中应做到疏衬密、密衬疏,层次分明,形象突出。线条的组织安排要有理法,要有宾主。线条合理的经营,才能使画面"疏者不厌其疏,密者不厌其密,疏而不觉其简,密而空灵透气,开合自然,虚实相生"(图 2-17)。

图 2-16　面积对比　夏克梁　《夏克梁钢笔建筑写生与解析》

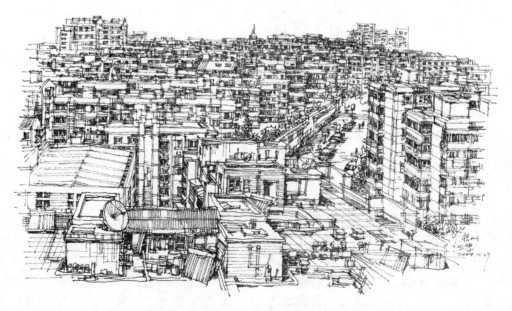

图 2-17　疏密对比　夏克梁　《夏克梁钢笔建筑写生与解析》

当画面基本完成之后，就要对整个画面进行统一的调整，其目的是使主体建筑与配景间更加贴切、充实、协调。调整时，首先应考虑构图的需要。为了确保构图的平衡、对比以及整体性要求，应当认真对照主次，看主要部分是否明确，高低如何，次要部分是否画得太突出或太含糊，相互之间联系是否做到协调一致。既要保证画面的重点和精细所在，又要考虑整幅作品的完整性和统一性。其次是强化对比。通过对比可使画面的主题及空间关系鲜明起来，主次关系一目了然。量与质的对比不足者，可略加线或调子以满足对比度。最后，通过调整，还可丰富画面，可在过于平淡的地方添加内容，背景内容和主体内容应统一而富有变化。调整后的构图更加完美，黑白布局更加合理，内容更加丰富，画面更加完整，直至感到满意为止。

第三节　建筑速写的场景透视

透视的含义是指通过透明的介质观看物象。景物形状通过聚向眼睛的锥形线映像在透明介质上便产生了透视图形。透视的发现，使得画面出现了真实的三度空间感，其逼真的形象既成功地表达了景物，又体现了作者的思想及情感。建筑写生是要将建筑形象根据透视原理将其以近大远小、近实远虚（因为空气中有水气、尘埃，在光的作用下形成了空间色差，使得近处的物体实，远处的物体虚）真实地反映在画面上。写生时非常强调透视比例的准确性，建筑写生常用的透视方法有一点透视、二点透视、三点透视，可视具体建筑景物来确定。一点透视在建筑景观写生中用的相对较少，容易导致画面所表达的建筑显得呆板、平面化，缺少立体感，但一点透视可以表现异形建筑或建筑的局部细节，给人以亲切感；二点透视在建筑写生中是用得最多的一种透视方法，适宜表现所有的场景，同时也最宜塑造建筑的形体；三点透视在写生中用的虽少，但在仰视或俯视的特殊视角中，最易强调和反映高大建筑的特征。透视在建筑写生中虽然难以掌握，但对表现画面的空间层次、物体的前后关系和立体感等方面极其重要。

一、基本规律

在建筑速写时，首先遇到的是建筑的透视问题，建筑透视主要是视平线的位置与消失点的关系。

视平线是由作者的眼睛观察物体时的高度决定的，如果建筑物与画面平行，近大远小的消失关系都集中在作者眼睛正对着的点（即心点）消失，而这个点必须消失在视平线上，这种透视现象叫一点透视（图 2-18）；如果建筑物和画面不平行，那么建筑物左右两个面的边线就会向视平线上左右两个点消失，这种透视现象叫两点透视（图 2-19）；如果作者想画出建筑物高大雄伟的气魄，可使视平线的位置降低形成仰视的角度，或提高视平线的位置形成俯视角度，这时建筑物的垂直线在视平线上方或下方的消失点汇聚，水平线汇聚至视平线上的消失点，这种透视现象叫三点透视（图 2-20）。

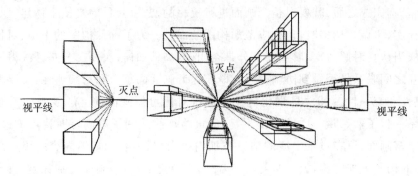

图 2-18　一点透视

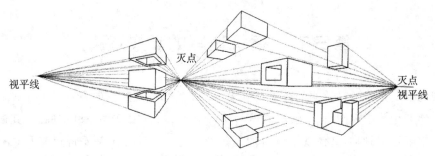

图 2-19　两点透视

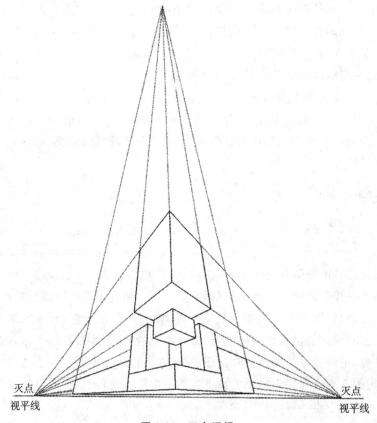

图 2-20　三点透视

二、基本方法

在进行建筑速写表现创作时，都有一个表现的技法和技能问题，透视是绘制建筑透视表现图最重要的基础，对于建筑速写来说至关重要。就算有着再高超的绘图技巧、再精彩的线条和细节，如果在透视方面出现了问题，那所完成的建筑表现图也是毫无意义的。因此在建筑速写时必须掌握透视学的基本原理以及判断能力。一张好的建筑速写必须符合几何投影规律，较真实、客观地反映特定的空间环境效果。

透视表达

当然，在建筑钢笔画表现图中并不要求、也不可能做到每一根线都符合透视的规律，但是必须在大的透视关系上避免失误，能够根据实际场景把握视点的选择以及透视感的强弱。为了在大的透视关系上保证准确，首先必须使所画的轮廓线符合透视原理，同时保证建筑物在大的轮廓和比例关系上基本符合透视作图的原理。至于细节，多半是用判断的方法来确定，因而，在建筑速写作画中，多是凭经验和感觉画透视轮廓的（图2-21～图2-24）。

我们所谈到的焦点透视基本上属于西方透视原理的透视规律，中国传统山水画采用的是散点透视法。所谓散点透

图2-21　一点透视应用　杜鹏

视，是一种无固定视点和视平线的透视画法，一幅画面里有多个消失点、多条深度线，线与线纵横交错，是一点透视、两点透视和三点透视的综合运用（图2-25）。

图 2-22　两点透视室内应用　《建筑速写》

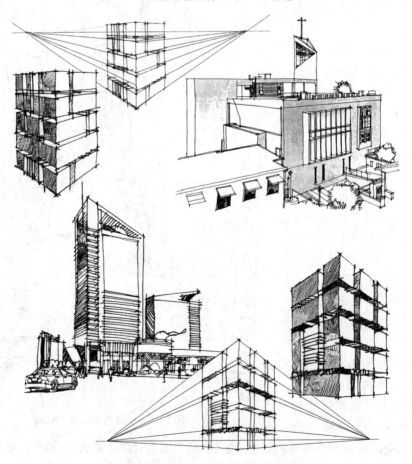

图 2-23　两点透视应用　《钢笔画表现技法》

图 2-24　三点透视应用　《建筑速写》

图 2-25　散点透视应用　孙犁　《孙犁乡土风景速写》

思考与
练习

1. 建筑速写的画面营造主要通过哪些要素来具体表达？
2. 如何根据所要描绘的对象特点选择合适的透视方法？
3. 场景透视的实践训练。

第三章

建筑速写表现技法

本章重点

建筑速写的表现手法与实践。

本章难点

建筑速写的艺术表现。

建议学时

20 学时

第一节　意向草图表现

草图示范

　　建筑速写的技法是综合运用表现技巧,通过点、线、面的疏密与明暗层次表现物体的基本形态、形状、体积、空间等,由简单到复杂,循序渐进,并学会用绘画工具表现空间与物体的肌理和质感等性格特征,通过主体、配景的有机组合,达到传达视觉画面和思想感情的目的。

　　意向草图表现是在短时间内迅速描绘对象的一种表现手法。在对景写生时,受时间所限,往往不能够对所表现的建筑景观进行深入细致地刻画,只能用线条以写意的形式对建筑物形态特征和空间氛围进行概括描绘,其特点是绘画速度较快、线条自由奔放、概括洗练、一气呵成。意向草图表现重视大的形体比例关系和对建筑最显著形态特征的描绘,这种画法虽然不能表达建筑的结构细节,但可以体现建筑设计的意象,同时具有一定的艺术趣味,能体现强烈的个性风格,是建筑速写中最常用的表现手段,在个人进行方案构思和草图绘制时也经常使用(图 3-1)。通过意向草图风格的训练,可以锻炼画者敏锐的观察力和高度的概括取舍能力,以及整体把握画面的能力,对于今后在设计工作中方案的创意和表达将会大有帮助(图 3-2)。

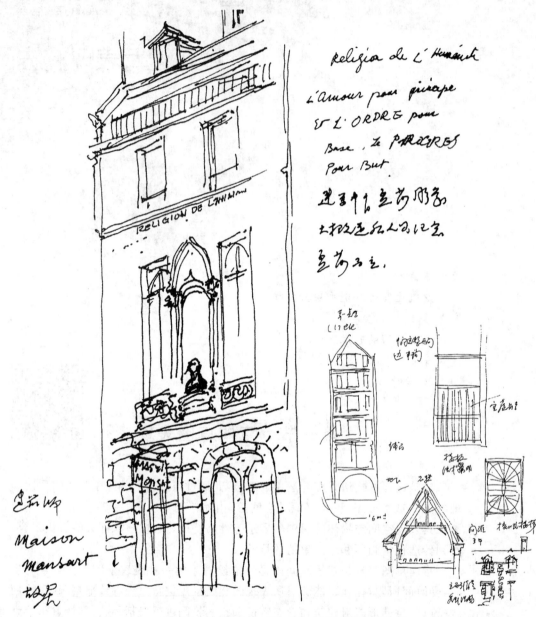

图 3-1 建筑草图 吴良镛 《吴良镛画记》

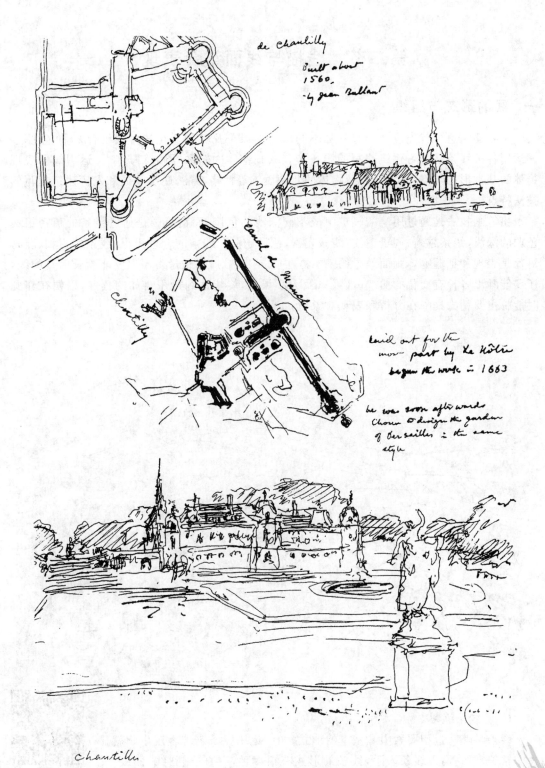

de Chantilly

Built about
1560.
by Jean Bullant

Canal de Manche

Chantilly

laid out for the
mos— part by Le Nôtre
begun the work in 1663

he was soon afterwards
chosen to design the garden
of Versailles in the same
style

Chantilly

图 3-2　法国古城堡　吴良镛　《吴良镛画记》

第二节　线描与线面结合表现

一、线的形态与组织

学习建筑速写首先应从画好各种不同形式的线条及各种变化的排线组合入手,熟练掌握运用各种线条是学习建筑速写的第一步。从画物体的轮廓开始练习,学会运用线条表现物体的基本形态与空间关系,以及物体的肌理质感等性格特征,逐步掌握和发挥建筑速写的技法特点。

铅笔画技法是通过用笔的轻重组成不同深浅的色调,而钢笔画是通过线条的疏密组成色调的深浅,线条越疏,调子越浅,线条越密,色调越深。线条的合理组织,线条的粗细、疏密对比是表现和把握物体画面效果的基本方法(图 3-3)。所以初学者不但要能画长而直的线,还要能画出各种有变化的曲线、虚线以及大小黑点,要能达到运用自如的程度,以便在作画时能将主要精力集中在分析和表现对象上。

图 3-3　新疆五彩滩　杜鹏

(一) 线条练习

线条是速写造型要素中最基本的形式,如何运用线条表现客观事物就显得非常关键;速写以线条入手,线条的形式有很多种,有直线、斜线、曲线、交错线等,初学者练习应从直线入手,注意力集中,握稳钢笔,运笔均匀,是画好直线的关键。掌握笔尖用力的轻重变化,就可以画出长短、轻重、疏密、叠加、渐变等丰富变化的线条。在练习时应该注意运笔的速度、力量和方向,画直线时在运笔开始时应该明确知

线条练习

道所画线的结束点在哪里，这样就容易画出一根直线条，那么同样的斜线、曲线、交错线都可以用这种方法来画（图 3-4）。

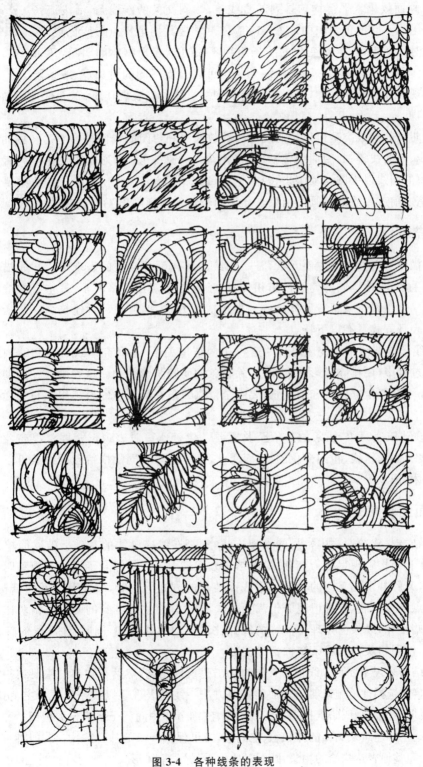

图 3-4　各种线条的表现

（二）线条组织

速写是以线条和线条组成的调子来表现对象，不同的线条组织排列会产生不同的画面效果。平行均匀排列的直线条，倾斜交叉的斜线条，活泼流畅的曲线条组成不同的色调块面。练习时应注意掌握其用笔特点与变化规律，并在作画时灵活运用，丰富变化的线条组织不仅可以表现物体的明暗，还可以表现物体的纹理和质感。不同的线条组织可以表现不同的对象，单线条可以用来表现各种物质的轮廓，排列的水平线和垂直线可以表现建筑，重叠变化的曲线可以表现各种植物。

线条的
组织与排列

按照曲线的构成类型可以把曲线分为开放曲线和封闭曲线两种形态。开放曲线包括弧线、抛物线、双曲线等；封闭曲线包括圆、椭圆等。一般来说，排列曲线要比排列直线难度大一些，较短的曲线以手腕运动画出，较长的曲线以手臂运动画出，画较长的曲线要做到胸有成竹，落笔之前就要看准笔画的结束点才能用较快的速度画出流畅、准确的曲线（图 3-5）。

二、线描表现

线是描绘所有造型的主要元素，是一切绘画形式不可或缺的表现形式。线描是高度提炼的表现手法，与中国画的勾线白描相似，线条也是建筑速写最基本、最主要的造型元素与表现语言。运用线条来塑造形体是一种最快捷的方式，也是一种对建筑高度概括的表现手法。线条表现方式具有以下特点。

（1）线条能够清晰地表现建筑的透视比例结构关系，是研究建筑形体和结构的有效方法。绘制过程中，要排除光影的影响，排除物象的明暗阴影变化。这种画法在造型上有一定难度，画面不易产生立体感和层次感，要完全依靠线条在画面中的合理组织与穿插对比来表现建筑的空间关系和主次虚实关系。

（2）在建筑速写中，线条的运用至关重要。建筑速写对表现形式要求很高，在画面中，长线、短线、细线、粗线、粗细变化的线，轻重线、虚实线等不同性格特点的线条可以用来表现不同的物体（图 3-6）。

三、线面结合表现

线面结合是建筑速写中常见的表现方法，它是在线描画法的基础上施以简单的明暗关系，使形体和结构表现得更为充分；线面结合方式最大特点是综合了线描表现和明暗表现方法的优点，又弥补了相互间的不足。用线面结合的方式绘图时，要注意空间的结构关系，抓住画面重点加以绘制，有意识地弱化背景图像，同时注意物体本身的明暗色调对比和光线影响下的明暗变化，线条的处理用简练的线抓住对象的形体结构，同时，注意线的轻重和虚实变化结合，使明暗块面和线条结构相得益彰。

线面结合表现主要是以线描形式先勾勒出建筑的结构，然后在建筑的主要结构凹陷部分或背光的暗部选择性地施以明暗块面的排线方法。线面表现要以线条表现为主、明暗表现为辅，明暗表现不能像画明暗素描那样细致，对一些细节和中间调子要进行大胆概括和删减。这样既能强调主体建筑及画面的体积感、空间感，又可保留线条的独特韵味。若能将两者恰当地结合，能更完整地表达描绘的物象，画面对比效果强烈，整体形象生动而富有变化（图 3-7）。

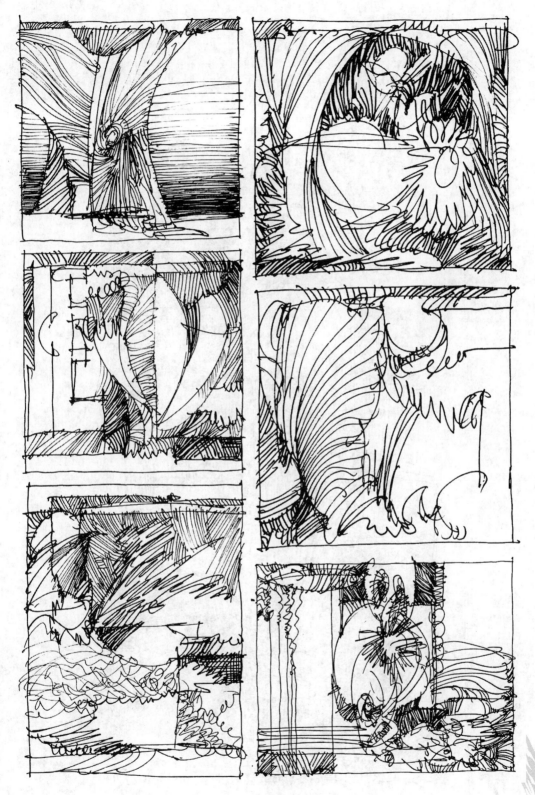

图 3-5 线条的组织

图 3-6　线描写生　陈双龙　《行画古村落——走进松阳》

图 3-7 西塘街景 杜鹏

第三节　明暗与光影表现

　　建筑速写以明暗为主的表现,主要是重形体、重空间、重量感,以线条排列轻重感来表达画面的内容。总的来说,都是离不开线的绘画要素。如何处理黑、白、灰三者间的关系,这个问题虽然在别的画种中也要妥善地处理,但在建筑速写表现中却更为突出,这是由其工具特点决定的。

一、明暗规律

　　在光的作用下,物体会呈现一定的明暗对比关系,称明暗关系,明暗画法就是运用丰富的明暗调子来表现物体的体感、量感、质感和空间感等。明暗画法是研究建筑形体的有效方法,这对认识建筑的体积和空间关系起到十分重要的作用。明暗画法依靠疏密程度不同的点或线条的交叉排列,组合成不同明暗调子的面,再用这些面表现建筑的空间形体。不强调构成形体的结构线,这种画法具有较强的表现力,空间及体积感强,容易做到画面重点突出、层次分明。通过明暗画法的练习,可以加强对建筑形体的理解和认识,培养对建筑空间、虚实关系及光影变化的表现能力,从而拓展作品的视觉张力(图 3-8)。

图 3-8　松阳民居　夏克梁　《行画古村落——走进松阳》

在建筑画表现中,明暗对比与空间表现有着直接的联系,所以在构图中,我们不能只停留在形态的构图阶段而忽略了明暗在构图中的作用。以明暗对比手法画建筑速写,在明暗处理上和素描的规律基本是一致的:要掌握在光的作用下,物体黑、白、灰关系的处理,更要注重建筑景物受光后的明暗变化,通过线条的排列、叠加、皴染和疏密关系的组织形成明暗层次的变化,来体现空间的场景、形态和氛围,表达出画面空间层次的关系,使空间的描绘不仅具有功能性还要有形式美感。但是建筑速写的特性决定了其明暗变化不可能像素描那样细腻完整,只需表现大体的层次关系即可,重点刻画视觉中心,其他部分可以弱化。

二、图底关系

　　在建筑画表现图中利用图底关系组织画面是比较常见的表现手法,图底关系实际上也是明暗关系的另一种表现形式,图可以是暗部也可以是亮部,反之,底可以是亮部也可以是暗部。同时,这种明暗关系是可以转换的,这种转换可能会给画面带来更为丰富多彩的效果。图——有突出性,密度高,有充实感,有明确的形状和轮廓线。底——有后退性,密度低,无明确的形状和轮廓线(图3-9)。

图3-9　图底关系　《钢笔画表现技法》

三、光影表现

　　光对于塑造建筑形体、体现建筑结构和空间场景氛围具有很重要的作用,一栋建筑,处于不同的光线下所产生的韵律感也不相同,所以我们在绘画时要把握最理想的一刻加以描绘。另外多注意在光线照射下的建筑结构节点如檐突、窗框、转角等形态变化,以及不同材质所呈现的不同情况,在阳光照耀下,建筑体显得明亮,反差大,从而能突出建筑的外部特征,把建筑的三维空间真实地凸显出来,要利用那些简洁、形状鲜明而整齐的阴影作为画面的组成部分,形成画面的节奏感。

　　在画前首先要做的就是确定光源的方向,这将决定整个画面的光影效果。光照角度决定了建筑的明暗和阴影的大小与多少。在写生时,光影会随着时间的变化而变化。选择画面调子时,首先从画面总的明暗关系考虑,再决定以哪种调子为主。如深色的背景衬托浅色的建筑,深色的建筑用浅色的背景,也可以通过配景的变化来烘托建筑,天空、远山、树木、地面、道路等,都可以作为理想的背景选择用以衬托建筑。

　　在阳光下的建筑均会有许多光影产生,亮面在画面上主要是以浅调子为主,层次较多并显露出很多的质感变化。暗面的层次则较少,调子较深,并受一定的反光影响。光线照射下的阴影往往是画面里最深的部分,由于受周围环境的影响,面积大的阴影比面积小的阴影要浅(图 3-10)。

图 3-10　佛殿内景　郑炘 《线之景》

四、结构表现

　　建筑速写中所描绘的建筑，都是由一定的结构关系所组成的。现实场景中，各种建筑都有其不同的构建方式和组合规律，因此对于建筑结构关系的表达，我们应该极为重视。在速写写生中，一般都要先仔细地观察和研究对象的构成方式，在理解其基本关系的基础上，将建筑物体的形态结构合理地描绘。刻画建筑物的结构细部可以凸显建筑特征的主要部位，这也是建筑速写画面中比较精彩的部位，尤其是画建筑近景或建筑局部时，应当对建筑细部结构进行重点刻画（图 3-11）。

图 3-11　希腊柱头结构　郑炘　《线之景》

第四节　主体与配景

　　建筑速写中涉及的单体可分为主体和配景两大类。处理画面的物体时,要注意采用概括、归纳、提炼等方法,使描绘的画面具有一定的艺术性。城市景观中,若干不同的建筑物与植物绿化、动态人物、交通工具和城市设施等,通过一定的组合关系,就形成了一定的环境效果。任何一座建筑物都不能脱离环境而孤立地存在,因此建筑速写中周围的环境也是设计内容的一部分。适当地表现建筑环境的配景,不仅使观者能够从其中看出建筑物所在地点是城市或郊外、广场或庭院、依山或傍水,还可以通过衬托的作用,在一定程度上增加画面所要表达的建筑气氛,有助于说明不同建筑的特性。建筑速写中的建筑物始终是画面的主体,画面上所有配景的布置和处理,始终只起着陪衬的作用,即使有时对配景加以夸张,也是用于充实建筑四周的内容,丰富建筑的环境,力求能够突出建筑物本身(图3-12)。

图3-12　天主教堂　谢宇光　《建筑速写》

一、建筑的主体表现

　　建筑作为画面主体,往往是画面的视觉中心,处理时要相对突出、深入。通常采用严谨、常规的表现方法,有时也可以适当地表现线条的趣味性,提升画面的灵动感。建筑风格多样,如简洁的现代建筑,样式复杂的古典建筑,极具民族特点的地域建筑等,因此需要运用不同的表现手法。另外,还要注意突出建筑主体多层次的体量关系(图3-13)。

图 3-13　英国威斯敏斯特教堂　谢宇光　《建筑速写》

配景草图 1

二、配景与气氛表现

(一) 建筑配景的作用

　　建筑配景对于我们来说也是十分重要的,因为建筑物不是孤立的,它总是存在于一定的自然环境中。因此,它必然和自然界中的许多景物密不可分。出现在画面中的树木、人物、车辆等尽管都是些配景,却起着装饰、烘托主体建筑物的作用。如果没有这些配景,画出的建筑可能会显得很孤立、生硬呆板。在它们的衬托下,建筑物不再孤立突兀,而是显得生机勃勃、丰富多彩。

配景草图2

（二）画面配景的要点

画面配景的安排应本着不削弱主体、自然和谐的原则，配景的安排要有的放矢，注重整体的感觉，局部的处理要服从整个画面的需要。配景在画面所占面积多少、透视的关系、色调的安排、线条的走向、人物的神情动作等，都要与主体建筑配合紧密，与整个建筑环境取得一致，不能游离于主体之外，这样才能使画面体现其完整、真实、生动的风采。由于画面布局有轻重主次之分，所以位于画面上的配景常常是不完整的，尤其是位于画面前景的配景，只需留下能够说明问题的那一部分就够了。如果配景贪大求全，主体建筑反而会削弱，因此要从实际效果出发，取舍配景，把握好分寸感，这是配景的要点（图 3-14）。

图 3-14　配景的取舍　刘庆慧

（三）配景作为画面前景的安排

在画面中，前景在构图、意境、气氛和景深等方面起着重要的作用，被用来加强画面的空间感和透视感，以对比的手法调动人们的视觉规律，通过想象去感受画面的空间距离和纵深轴线。在图 3-15 中，作者在基本的形体结构轮廓勾画基础上，开始进入整体画面深入工作，为画面添加适宜的配景，构建完整的视觉画面。根据画面的情况安排形体的明暗光影与色调关系表现，运用阳光作为最佳的"配景角色"，自然地为画面增添光亮的效果。同时，为了突出主题和重点，着重强化了建筑内部与外部的对比效果。同时为了防止画面的单调，在建筑物的下方以多样配景做了视觉上的引导处理，重点安排了配景的内容与位置，特别协调了建筑物与地面及配景的关系。

（四）配景作为画面气氛的安排

人物、树木、绿化、交通工具和城市设施等配景对画面都可以起到气氛渲染和烘托环境的作用。在钢笔画表现图中，人物是最重要的配景，生动的人物姿态最能活跃画面气氛。树木、绿化和建筑物的关系最为密切，成为建筑物的主要配景。交通工具和车辆同样起着装饰、烘托主体建筑物的作用,能够给画面带来动感。其他配景,如广告灯箱、路灯、街边座椅和护栏等这些城市设施,也可以起到烘托环境氛围、增强画面生活气息的作用(图 3-16)。

图 3-15　配景作为画面前景的安排 《钢笔画表现技法》

图 3-16　配景作为烘托画面气氛的安排(YLstudy. com)

三、建筑配景的画法

(一) 植物

植物是建筑速写中重要的组成部分,也是配景的主要内容。植物作为建筑配景的一部分,一是可以使画面生动活泼,二是起着均衡画面的作用。因此,在画面中应充分考虑其与建筑主要部分的搭配关系,如烘托、遮挡,以及在画面中作为近景、中景和远景的不同处理方式。植物在画面中的出现,主要以树木、灌木、草本为主。

1. 树木

自然界的树木形态多种多样,姿态万千,但其大致形态可以用几种几何体形态来进行概括归类,具体说来可以概括为球形、伞形、锥形、半球形、椭圆形、多球型等种类。对于大多数球状、伞状、锥状的树木,可以采取装饰的抽象画法,简洁明了,当然还要考虑与建筑的表现风格一致。在画树木时应注意观察树干树枝的穿插规律,画树冠时留出枝干穿插的位置,间隙要有疏有密,切不可满画。树冠外形轮廓要高低起伏富有变化,前后要有层次,还要考虑树干、树冠的明暗关系,切不可呆板(图 3-17~图 3-21)。在大多数情况下,树木是风景画中不可缺少的因素。在建筑师的建筑画中,树木也常被用来作配景。树木可谓种类繁多,不同种类的树的分枝系统、树冠轮廓乃至叶子形状都有所不同。美国画家内森·卡伯特·黑尔认为,画树或植物不单单要画出它们的形状,还要画出树或植物是怎样生长的。有关植物的书籍中所给出的是树或植物的一般类型形态,而我们所描绘的树木则是一种生命的个体,它的独特形态反映了自身的独特生长历程。钢笔画树用笔要顺应树的生长态势,忌用直线机械地排列。特别是那些古老的大树,其粗壮的主干体积感很强,根部形态也多有变化,线条组织则要以各体块的接合为依据。另外,古柏的主干表面肌理结节很有特点,树枝曲折迂回,千姿百态,是很富于表现性的(图 3-22 和图 3-23)。

冬天的落叶树在风景画中起着十分重要的作用,干枯的枝干烘托出肃杀的气氛,更映衬出冬日的苍凉。另外,少了树叶的遮挡,枝干的姿态完全显露出来,它们多变而又有序的形态以及蜿蜒向上的生长趋势,体现出内在的生命力,也为冰天雪地带来生机。叶落后的树冠呈半透明状,其后的景物不致被遮掩,用钢笔线条表现这种效果是非常适宜的(图 3-24);逆光状态下的树需要整体把握,《河边》就是以表现晨曦中河边几棵老柳树为主的作品(图 3-25)。树冠的中部线条要稍密集,边缘部分要稍稀疏,可以表现出晨曦那种朦胧的光感。树叶遮掩部分树干则要精心刻画,一般情况下,树冠上部应画得浅一些,下部则要画得深些。树冠上部轮廓切忌画得死板,线条组织也要顺应树冠的结构及生长方向。画枝干时要注意其前后左右的空间关系,借助光影的表现是必要的,一些亮的枝条与其后较暗的树叶形成对比,是值得注意表现的细节(图 3-26)。树木作为建筑物的配景时,则要注意树木与建筑之间的素描关系(图 3-27)。

2. 灌木

灌木树体矮小,主干低矮不明显,呈丛生状态,常在基部发出多个枝干的木本植物。灌木一般可分为观花、观果、观枝干等几类。常见灌木有铺地柏、连翘、迎春、杜鹃、牡丹、月季、茉莉、玫瑰、黄杨、沙地柏、沙柳等。

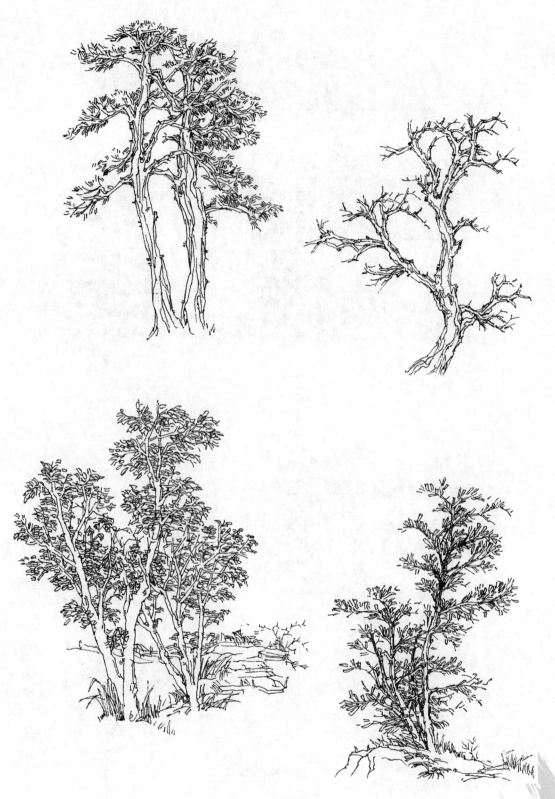

图 3-17 树的画法 1

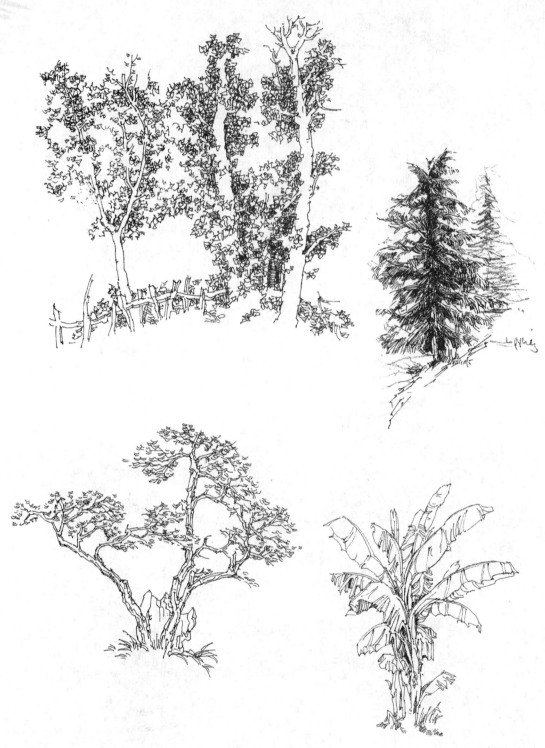

图 3-18　树的画法 2

图 3-19　黄土高原的树　杜鹏

图 3-20　泰山汉柏　张仃　《张仃画室——焦墨山水》

灌木类的植物在画面中所起的作用是很重要的,灌木相对乔木来说要显得细小,往往成片成群,在画面中属于"密"的范围,经常被用来衬托树干、墙面、栅栏之类,起到承托建筑物和烘托画面气氛的作用。灌木与乔木的手绘表现有一定的类似性,表现时应以简练的几何形为主,用笔要概括,表现出主要的结构即可,画时要注意不同灌木相互间的搭配及外形的错落有致,用笔要虚实相间(图 3-28 和图 3-29)。

(二) 人物

建筑速写是以建筑为主的一种表现形式,人物在画面中成为配景的一部分,起画龙点睛的效果,为活跃整体的空间环境起着十分重要的作用。建筑速写中的人物配景主要起三个作用:一是衬托建筑物的尺度;二是营造画面生动的生活气息,烘托场景气氛,让画面充满活力;三是由远近各点人物的不同大小增强画面空间感。建筑速写中的人物一般宜用走、坐、站等姿态展现,分布上有个体、有组合,有疏有密、有远有近。建筑手绘作品中人物的刻画要求简练概括,抓住大的外形特征和动态感为佳,也可以根据画面情况对五官、服饰略有表现,但要适当。基本形态动势和人物比例一定要准确,在建筑速写中人物不要表现得过于具体,远处的人物一般只需要勾勒其外形,近处且数量不多的人物则可适当描绘五官及衣褶等细节。尽量避免人物过大或头像和半身的效果,这样会把视觉转移到人物身上,从而影响建筑主体的表现效果(图 3-30)。

图 3-21　故宫古树　吴冠中　《吴冠中自选速写集》

　　画人物速写最重要的就是造型,人物的形体比例一定要准确,要想快速准确地把握人物特征,必须对人体的各个关键部位非常熟悉,抓住动态线,肯定而简明地下笔。用线要生动,在表现着衣人物时要注意衣纹的处理,线的疏密、长短、曲直对比处理要有节奏。人物的动态要有主次、疏密的变化,并注意人物的用线应与建筑的用线统一起来,否则会造成画面不协调,破坏画面的整体关系(图 3-31)。

图 3-22 古树 郑炘 《线之景》

图 3-23 汉柏写生（局部） 吴冠中 《吴冠中自选速写集》

图 3-24 故乡的风景 郑炘 《线之景》

图 3-25 河边 郑炘 《线之景》

图 3-26　悉尼植物园　郑炘　《线之景》

图 3-27　松阳民居　王夏露　《行画古村落——走进松阳》

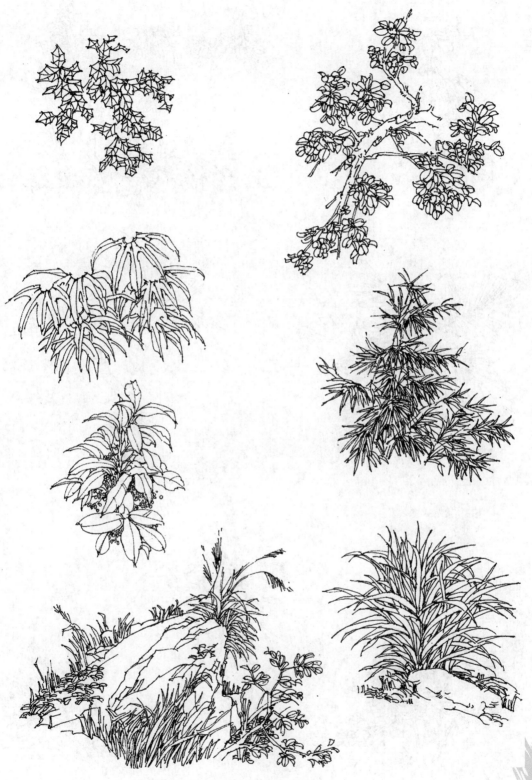

图 3-28 灌木表现 1

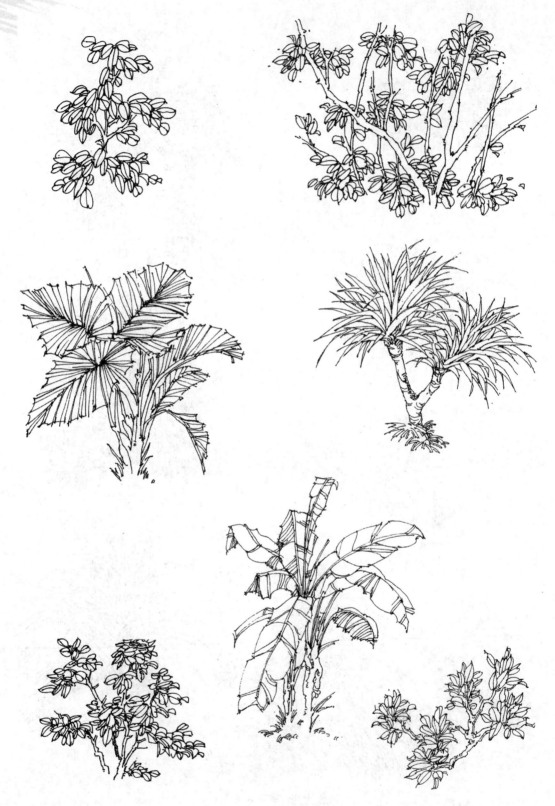

图 3-29　灌木表现 2

图 3-30　配景人物画法

图 3-31　配景人物应用　夏克梁　《钢笔画表现技法》

(三) 山石与地面

1. 山石

在风景画中,山石或地面与天空一样,是最基本的景观因素,属土地形态范畴。山石的形态记录了地表构造运动的结果,作为艺术表现的对象,山石的刻画并非要如地理教科书图片一般,但对于山石的类型、纹理及节理方面的差异,以及所处地域不同所带来的形态差别应该有所认识。一般来说,花岗岩的山体外形比较圆滑,分块较大,竖向节理比较丰富,所以,花岗岩类的山峰往往具有挺拔、险峻的形象。沉积岩类的山体横向纹理较为发达。事实上,山体表面的纹理与节理主要是在断崖类的山体上呈现出来,绝大部分的山脉都是呈现皱褶状,延绵不断。在南方,山体大多都有植被;在北方,有些山体是有植被的,但到了冬天,野草干枯,在寒风的呼啸声中,更给人凛冽、肃杀的感觉(图 3-32 和图 3-33)。海边的岩石也是非常有特点的,经过长期潮涨潮落的海水冲击,其轮廓大多圆浑,棱角早已磨光了,但它们巨大的体量还是可以产生震撼人心的力量的。

自然界石头的种类和形态很多,在场景中的应用情况不一。常见的景观石有太湖石、岩石、花岗岩、蘑菇石等,主要分布于水池湖边、道路边、绿荫林地、广场开阔地等。这些石头放置在景观园林中可以增强景园的趣味性,描绘时需要抓住其特点。作为起点睛作用的景石,注重整体搭配与分布,或成组搭配,或单独放置,使形态自然。需要注意的是,要配合不同的画法加以表现才更显生动。常用的画法有明暗画法、明暗与线描结合画法、排线画法、乱线画法和点画法等,也可以借鉴传统的山水画法,运用山石的皴法加以描绘,能够充分地表现出山石的结构特点(图 3-34～图 3-38)。

景观设计中人工造型的石材则造型多变、形态灵动优美。要注意真实地表现置石的特征、体积,能给人以强烈的真实感,不同风格的置石可与建筑相协调而使画面更加完美。

图 3-32 太行山绝壁 杜鹏

图 3-33　冬日沂蒙山　杜鹏

图 3-34　山石表现 1

图 3-35　山石表现 2

图 3-36　太湖石 1　杜鹏

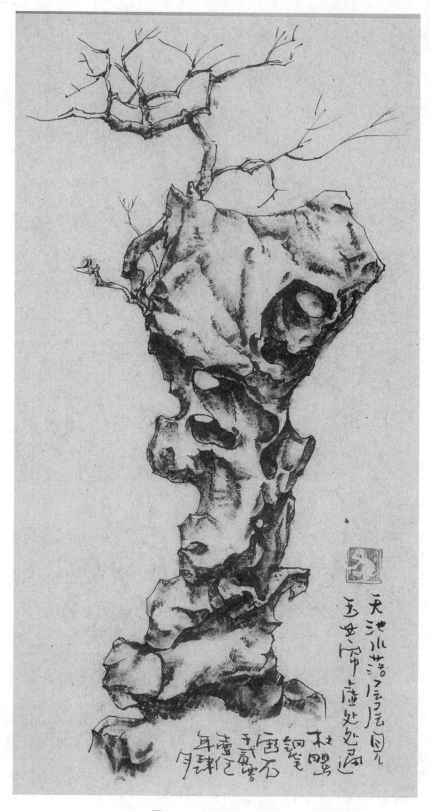

图 3-37　太湖石 2　杜鹏

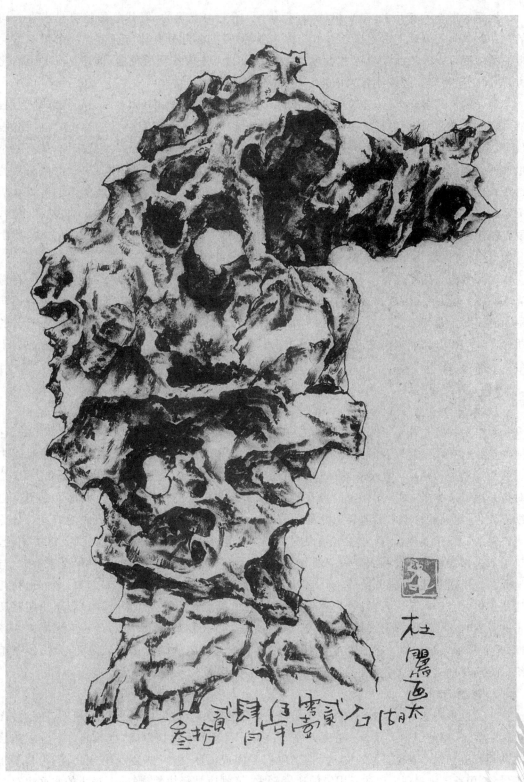

图 3-38 太湖石 3 杜鹏

2. 地面

地面的形态千变万化,有平坦的,有起伏的,还有沟壑状的,但其总的趋势是水平方向的。在钢笔画的表现上主要是以水平线为主导轴,根据各部分具体特征做出线条组织方向上的微妙变化。除去沙漠沙滩之外,大地表面一般被草或农作物所覆盖,即使是在冬天的北方,地面仍有枯草。应该注意到草的表现对画面的重要性。

地面的形式多样丰富,建筑速写中的地面涵盖了城市街道、广场、乡村、道路、绿地、沙石滩、沟壑等。因为地面的形态复杂,所占画面面积较大,处理起来有一定的难度。地面的表现方法很多,具体怎样表现要根据建筑设计具体场景的实际情况而定。一般来说,速写中对地面的处理应遵循以下几点:一是不宜将路面肌理画得太满、太实,而且要注意把握路面的透视和虚实关系,使所展示的画面具有极强的空间关系。二是要考虑画面整体的黑、白、灰关系,通过疏密、主次、明暗的对比,加强整体画面的层次感、远近感。三是对于自然的小路,要绘制出路面的材质效果,作画时可以在前景适量做一些细部刻画,使路面虚中有实,层次分明,这样可以增强地面的质感,增加画面效果(图 3-39 和图 3-40)。

时间和天气的变化对于大地景观的影响也是很大的。清晨,大地笼罩在晨雾之中,在逆光状态下,景观层次由近及远,由浓渐淡,层次效果极为丰富。在多云的天气,浮动的云团向远山和田野上投下云影,丰富了景观的明暗关系。在暴风雨即将来临之际,田野处于乌云的阴影中,非常深暗,而远山又有一部分处于阳光照耀下,如此强烈而深远的明暗对比效果,十分令人震撼(图 3-41)。

(四) 天空与水景

1. 天空

天空是建筑速写不可缺少的因素之一,在自然景观因素中可以说是最为变化多端的,它随着地域、季节、气候以及时间的不同而千变万化。作为风景画家,有必要花大量的时间来观察天空的种种变化。在建筑速写中利用图地关系组织画面是常见的天空表现手法,描绘时可采用以下方式:一是用留白的形式,在天空有较多白云的情况下,白云大都可以留出白纸来表达,而只需将露出的蓝天依照退晕的方法画出,云的边缘部分以及云团的背光部分适当以轻淡的线条表现即可,这样与地面深刻的描绘形成鲜明的图地关系对比,突出了主题。二是如果描绘中的主要画面是天空部分,画面中大面积空白可通过云的多种形态来补充,与地面物象形成对比,加强画面的空间感、远近感,使建筑画面空间层次丰富起来,更好地衬托建筑主体。至于乌云,是可以较为充分表现的题材,风雨天的积云和雨云往往显示出明暗调子的强烈对比,当云层较低时,云的行进速度是很快的。在旷野里,面对乌云滚滚而来的场面,是非常令人激动的。在描绘过程中,始终要注意云天的明暗对比和云团的动势,线条组织的走向要顺应云团的走势,也与云团的构成相关(图 3-42～图 3-44)。

2. 水景

水是风景中非常令人神往的因素,无论是潺潺溪流、咆哮的江河、宁静的湖面,还是漫无边际的大海,都能引得无数游人驻足观赏,许多诗人、音乐家纵情讴歌,也激起许多画家描绘的欲望。流动的水在河床坡度增大、遇到岩石阻碍或河床跌落时,会产生急流、浪花和瀑布等景象,用钢笔画表现需要注意用笔的速度轻重,笔触应是轻快、流畅的。静止的水面也存在

图 3-39 地面表现

图 3-40　地面表现应用　宋子良　《建筑速写》

图 3-41　闽南风光　郑炘　《线之景》

图 3-42　天空表现　齐康　《风景入画》

图 3-43　天空表现应用 1　郑炘　《线之景》

图 3-44　天空表现应用 2　谢宇光　《建筑速写》

着变化,无风时平静如镜,倒影清晰,有风时水面涟漪,在阳光下形成一道道光带,打破倒影的沉寂。画家,特别是印象派画家,往往喜于描绘涟漪的水面,原因在于水面上的倒影不再与岸上景物全然相对,而是被粼粼波光所化解,不再有明确的边界。这样,水面景象更生动,更适于外光画派的表现方式(图 3-45)。事实上,对于钢笔画来说,涟漪的水面也是比较适宜表现的题材,用笔方向应以横向为主,接近岸边的部分倒影可画得深一些,下面的倒影部分要浅一些,倒影的轮廓不可死板,应淡化开。如是速写,则更应注意用笔的轻快和准确;远景的水面反映天光,往往是一条光亮的带,与周围的草地和山峦形成很强的对比。细细观察,这条光带仍有微妙的明暗关系,使得它不至于与周围景物割裂开,在作画时注意到这一点是很重要的(图 3-46)。

图 3-45　隆河上的运砂船　凡·高　《凡·高写生精品集》

　　水景也是建筑景观环境设计的重要因素之一,水景处理手法可以采用两种基本的方式,一是留白或少加线条刻画,水面主要依赖周边景物,例如石头和水岸边的植物与水的衔接表现,黑白关系巧妙衬托水流的丰富形态;二是线与明暗光影结合的画法,最好用线条画出水的倒影,反射天空处留白,这样黑白对比强烈,与整个画面的表现手法相协调,画面整体而统一,在写生时要多观察、多分析、多推敲(图 3-47 和图 3-48)。

图 3-46 净月潭 郑炘 《线之景》

图 3-47 水景表现 1 杜鹏

图 3-48　水景表现 2　齐康　《风景入画》

1. 根据表现对象,选择合适的手法分别对植物、水体、石头、天空、人物、交通工具等配景进行速写表现训练。注意画面构图、层次与配景的形态关系以及线条的表现力和画面的透视准确性。

2. 利用图片或者照片进行速写的技法实践练习,要求透视关系准确、空间层次分明、画面整体感强、结构清晰,工具与材料不限。

3. 运用铅笔或钢笔作为表现工具进行现场写生练习,要求画面构图均衡有致、透视准确合理、空间主次关系分明、用笔果断。

4. 运用各种工具与材料进行综合表现技法训练,强调画面的艺术表现力。

第四章

跟大师学速写

本章重点

　　大师速写作品的风格赏析与研习。

本章难点

　　大师速写作品的临摹实践。

建议学时

　　8 学时

　　临摹大师的杰出作品是一种很好的学习途径,在临摹过程中,可以细细体会大师对于整体调子的处理、线条组织方式以及他们表现物像的独特艺术语言。当今有关中外名家的书籍画册可谓琳琅满目,习画者的选择余地很大。杨廷宝先生说:"不要在年轻时只走某一种风格的道路,即使你达到炉火纯青的地步也绝不能超越原创者。年轻人应多看、多悟、多方探索,博采众家之长,融会贯通,才能走出自己的路。"因此,在临摹大师作品时,一定要选择多种风格的作品,学习各画种和各种工具的处理手法,以丰富自己的表现手段。

第一节　跟建筑大师学速写

　　中外许多杰出的建筑大师都具有很高的绘画功底,他们留下了众多优秀的建筑画,这些建筑画风格各异,有的可达到超现实主义的精细,有的则豪迈奔放,或写实或写意,不一而足。Bishop 和 Eggers 的画风接近,格调严谨、精致,构图开朗,形象、质感、空间感、层次等无可挑剔;Kautzky 和 Watson 的画简练概括,用笔洒脱豪放,力度充沛,洋溢着阳刚之气;Hugh Ferries 不露笔触,以光影明暗充分体现建筑特有的氛围、体量和空间,场景深邃壮阔;Emest Born 用笔洒脱奔放,线条流畅,这些名家的画百看不厌,每次研习,总会有新的发现(图 4-1～图 4-4)。

图 4-1　铅笔画　**Albert M. Sterling**　《外国建筑铅笔画》

图 4-2　铅笔画　**Fredenc C. Hirons**　《外国建筑铅笔画》

图 4-3　铅笔画　James Earl　《外国建筑铅笔画》

图 4-4　铅笔画　Louis C. Roserberg　《外国建筑铅笔画》

　　国内著名建筑师也有很多非常精彩的建筑画作品。杨廷宝、梁思成、吴良镛、齐康、彭一刚、荆其敏等人都发表或出版过风格各异的建筑速写作品。古建筑学者曹汛先生擅长铅笔速写,他于 20 世纪 90 年代初出版了《建筑》一书,录入从先辈至青年建筑师近 30 人的速写作品,在一定程度上反映了建筑学界的绘画水平。建筑学界对建筑绘画也十分重视,先后举办了多届全国建筑画展,展示了钢笔画、钢笔淡彩、针管笔等多种表现方法的作品。鲁愚力的钢笔画线条组织细密,物象描绘十分精致,素描关系丰富,《桂北民居》(图 4-5)一画对景物的表现十分充分;吴晓敏的钢笔建筑画表现精细(图 4-6)。齐康先生擅长钢笔画,且极为勤奋,出差途中只要有一点空闲,也会拿出速写本作画,数十年作画不辍,先后出版了《钢笔画》《线韵》等四本钢笔画集,《云南丽江虎跳峡》(图 4-7)用简练的线条描绘了丽江两岸的山峰,将山体的脉络与节理、空间感都表现出来了。

图 4-5　桂北民居　鲁愚力　《线之景》

图 4-6　天津港金融大厦内厅　吴晓敏　《线之景》

图 4-7　云南丽江虎跳峡　齐康　《风景入画》

第二节　跟绘画大师学速写

　　临摹绘画作品,能够更好地理解艺术家在场景、人物、气氛渲染等方面的艺术表达和审美境界,更好地提升建筑速写的艺术与审美趣味。

　　20世纪七八十年代以来,我国的连环画事业十分繁荣,有很多好的连环画作品,比如《童年》《在人间》《青年近卫军》等是非常好的钢笔连环画(图 4-8 和图 4-9)。画家周晓群等人为《世界通史》所作的插图,采用大面积的黑白对比,造型概括大气,具有较高的艺术水准(图 4-10 和图 4-11);画家曹力为《格列佛游记》所作的插图,采用线描形式,以富有装饰性的创作,作品极具艺术趣味性(图 4-12);潘鸿海先生为《叶甫盖尼·奥涅金》所作的插图,造型准确、用笔果断、虚实分明,很有感染力(图 4-13);还有炭笔素描画成的《国际歌》《鲁迅》等都是极好的学习作品。在临摹这些连环画的过程中,要慢慢体会画面整体效果的处理、构图上的巧妙之处、线条排列的方式以及线条组织的极强的艺术表现力。东南大学郑炘教授学画时临摹的《青年近卫车》(图 4-14 和图 4-15),用笔排线等都很传神地表现出了原作的画味。

图 4-8 《草上飞》之三十七 罗盘 《线之景》

图 4-9 《童年》之十五 董洪元 《线之景》

图 4-10　《世界通史》插图　罗马,七丘之城　周晓群　《线之景》

图 4-11　《世界通史》插图　美军欧洲登陆　周晓群　《线之景》

图 4-12　格列佛游记　曹力　《曹力线描作品》

图 4-13　叶甫盖尼·奥涅金　潘鸿海　《中外文学名著连环画》

图 4-14 《青年近卫军》连环画临摹 1 郑炘 《线之景》

图 4-15 《青年近卫军》连环画临摹 2 郑炘 《线之景》

除了连环画作品,其他诸如中国画、油画、版画等都可以作为临摹学习的作品(图 4-16~图 4-20)。

图 4-16　江南村舍　中国画　张仃　《张仃画室——焦墨山水》

图 4-17　老树常相伴　吴冠中　《吴冠中自选速写集》

图 4-18　铜版画　Samuel Chamberlain　《外国建筑铅笔画》

图 4-19　朋友　哈伯·芬克　钢笔画　《线之景》

图 4-20　版画　阿格里真托的"协和殿"　古斯达夫·弗热　《线之景》

第三节 变体临摹

所谓变体临摹,是指画者依照其他画家的作品以自己熟练掌握的画种重新画出,或是画者本人就同题材以不同的画种画出。欧洲画史上此类作法是比较常见的,比如英国画家特纳喜欢用油画和水彩画两种不同的方法画同一处景观,同时代的版画家汤布尔森、布兰达特等人也都曾将特纳的水彩风景画改画成版画。他们以不同的艺术语言重新诠释了特纳的世界,也是很有价值的。对于习画者而言,将中国画、油画、水彩画或铅笔画作品改画成钢笔画,不仅是个学习过程,也是个再创作的过程。

美国画家安德鲁·怀斯《奥尔森的尽头》,描绘了美国乡间自然风土人情,以精致逼真的写实风格,表现了人与大自然的交流与调和。朴实的题材引发人们怀念乡土与自然的情思,作者尝试用钢笔画的线条对这幅写实油画进行变体临摹,通过临摹可以练习钢笔表现的概括和凝练能力(图4-21)。罗尔纯先生的油画《风景》色彩概括强烈、用笔大刀阔斧、酣畅淋漓,表现出了特有的美学风格,具有很强的表现性。作者用炭笔线条尽可能轻松地表现罗先生强烈的写意风格和另一种激烈的生命状态(图4-22);张仃先生的焦墨山水一如他的性格,厚重、朴实、苍茫、大气,焦墨山水最能还原苍劲、宏阔、有力且具有金属感的画面,貌似单纯的黑与白,所产生的力度与内涵却是其他色彩不能替代的,作者选择美工笔作为表现工具,运用中国画中的皴擦点染手法,尽可能去表现张先生的画境,但也恐只能像其表而不能达其意(图4-23);潘天寿先生和黄宾虹先生都是中国近代美术史的国画大师,潘先生的作品墨彩纵横交错,构图清新苍秀、气势磅礴、趣韵无穷;黄先生的《横槎江上》设色淡雅,用笔自由潇洒,《湖外青山对结庐》构图别致、惜墨如金,由于钢笔画的表现力跟毛笔差别很大,作者在临摹时尽可能充分理解原画作者的作画背景和想要表达的意境,用钢笔线条重新演绎中国画的神韵(图4-24~图4-27)。

图4-21 怀斯 《奥尔森的尽头》 油画 美工笔临摹 杜鹏

图 4-22　罗尔纯　《风景》　油画　炭笔临摹　杜鹏

图 4-23　张仃　《响雪源头》　中国画　美工笔临摹　杜鹏

图 4-24 潘天寿 中国画 1 美工笔临摹 杜鹏

图 4-25　潘天寿　中国画 2　美工笔临摹　杜鹏

图 4-26 黄宾虹 《横槎江上》 中国画 美工笔临摹 杜鹏

图 4-27　黄宾虹　《湖外青山对结庐》　中国画　美工笔临摹　杜鹏

　　搜集古今中外建筑、绘画等大师的适合于临摹学习的作品,运用速写工具和方法进行作品临摹,要求尽可能表达出原作的意境,同时也要体现出速写的手法和特点。

第五章

优秀作品赏析

本章重点

不同风格的优秀作品赏析。

建议学时

4 学时

建筑作为构成物质环境的主要因素之一，样式繁多，细部作法多变，是非常复杂的表现对象。一幅好的建筑画作品，融入了作者对于建筑群体空间关系、建筑形态构成、形式结合与细部处理等诸多方面的理解。用这种标准要求美术家未免有些苛刻，在美术家看来，建筑物的形象在作品中即使出现，也是处于从属地位。格普蒂尔在读到许多画家不愿认真对待建筑画时也是很无奈的。相形之下，古典画家们对于建筑场景的表现倒是十分出色的。如拉斐尔的《雅典学院》、瓦格涅的《古代希腊游人》、拉里维尔的《戈德弗鲁瓦把从阿什克伦搜括而得的战利品放入圣葛教堂》等。

对建筑速写作品的欣赏和分析是学习的一个重要前段，它是认识并熟悉建筑速写构成语言的一条捷径。一幅优秀的作品是画者长期创作实践的成果，是画者丰富的学习经验、生活经历的体现，也是画者审美情趣和艺术修养的体现。

在欣赏和临摹优秀建筑速写的过程中，要以分析的方法全面、深入、细致地解读画面的内容，一方面加深记忆，学习理解速写处理的手法和表现形式；另一方面培养学生对形体和结构的理解能力以及对建筑尺度的把握能力。通过对优秀作品的赏析，还能培养学生严谨的画面结构意识和认真的学习态度；对于学生学习钢笔画、提高艺术修养、开阔视野、提高鉴赏能力和学习的积极性是有很大帮助的。学生在学习过程中通过对不同风格作品的欣赏和学习，扩大知识面，理解作者的创作背景和创作环境，领悟作品中内在的精神含义；了解不同作者的绘画特点和风格，对不同的技法进行研究学习，为我所用，是提高学生技法的一个很好的途径。

《河洛莲山》是作者在河南巩义沙峪沟莲山写生作品,八开速写本展开,有色纸和灌了浓淡两种墨水的美工笔,黄土地貌具有直立性,山形与山势都非常有特点,画这种大一些场面的风景,一定要注意远近的层次关系,浓淡、疏密和虚实变化也是需要考虑的主要因素,(图5-1)。

《丽水小章村》细雨中打着伞写生还是很有意境的,小章的房子几乎都是红土造,作者在有色纸上运用皴擦的手法进行建筑表现,注意结构和明暗关系的准确表达,基于土木结构的特征,要注意画面的简化与提炼(图5-2)。

《林州朝阳村》处于太行山深处的林州大峡谷具有非常显著的北方山林特色,山势如刀劈斧削,山村建筑结构以石构为主,屋顶亦为石板结构。这张作品是冬天雪后写生,积雪基本融化,枯树遒劲无叶,没有采用过去常用的皴擦手法,而是用宣纸钢笔白描,利用线条的疏密与顿挫所形成的痕迹表现画面的变化和审美意趣(图5-3)。

《庭院》园中的叠石,有着很好的块面效果,注意墙角下石块顶面要适当留白,不要勾边线。墙上漏窗以及门洞,都是有特点的细节,应给以适当地表现,短促的弧线条有序的排列组合,有一种生命的律动,韵味十足(图5-4)。

《瑞士小镇兰兹伯格教堂》是一幅大面积背光的钢笔画,作者以快速的线条勾勒建筑,用交叉线条表现大面积的阴影和背光,亮部留白,暗部也不缺少变化,具有很强的整体感(图5-5)。

《纳沙泰尔老街区街景》纳沙泰尔是瑞士钟表中心,也是纳沙泰尔州的首府,建筑物正如大仲马所描述的,是"用黄油雕出来的",在碧蓝色湖水的衬映下,发着油亮的光。这幅作品用白描的手法记录了老街区熙熙攘攘的街道场景,线条轻松准确、疏密有致(图5-6)。

《农家》用白描的手法表现松阳古村农家的生活场景,结构准确,生活气息浓厚(图5-7)。

《傣家竹楼》清新的线条有机的形成很透明的块面,支柱的粗壮与横柱的柔细形成互补,上下大块空白形成视平线的构图弧形,将傣家竹楼的形式美感很清晰地呈现出来(图5-8)。

《鹿寨四排乡风景》以极细的线条、白描的手法表现风景,线条看起来随意,实际上都精准地表达了作者心中的风景,不是写实,而是情感的宣泄与精神力量的传达(图5-9)。

在《四川甘孜写生》的风景速写中,对画面情调的感受是很重要的。要与自然亲近,对生命形态的存在要有善念和深深的爱,有了这样心态,你看到的世界和物象都会充满一种感人的美。大面积的黑白对比,整体、概括,画面的体量感非常好(图5-10)。

这幅《河南巩义写生》的作品具有明显的个人风格,轻松率性的笔触表现明暗关系,结构的精准从属于画面的艺术表达,光影关系与艺术趣味强烈,体现了作者熟练地表现能力(图5-11)。

《大新明仕田园风光》是一幅用签字笔的却不像签字笔的作品,线条感并不明确,细密而短促的线条看似无序实际有序地表现山水风景的厚重与极强的体量感(图5-12)。

《林》密不透风,难在密而通风;眼前一丛寒林,要挑选上升而又曲折的主干,曲折之间要互相呼应,所以树的位置必须搬动,安置曲线穿插,密而不断,乱而成片。有时是曲线辅助直线,或直线穿插曲线,为追求动静之间的谐调,许多点都用来辅助线之不足,点线交错,紧锣密鼓(图5-13)。

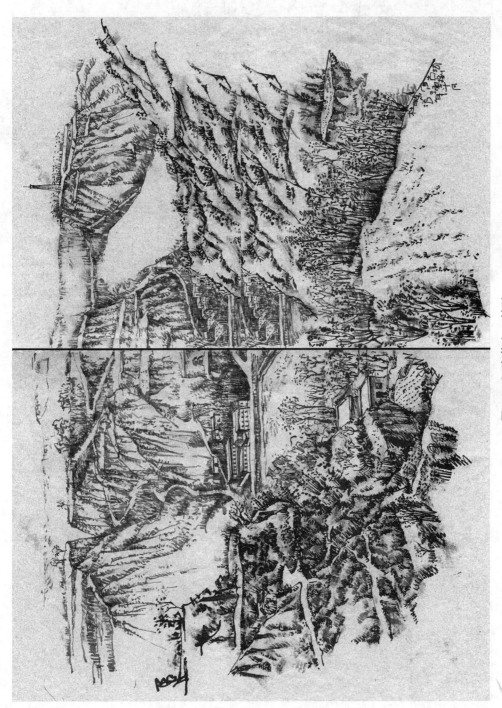

图 5-1 河洛莲山 杜鹏

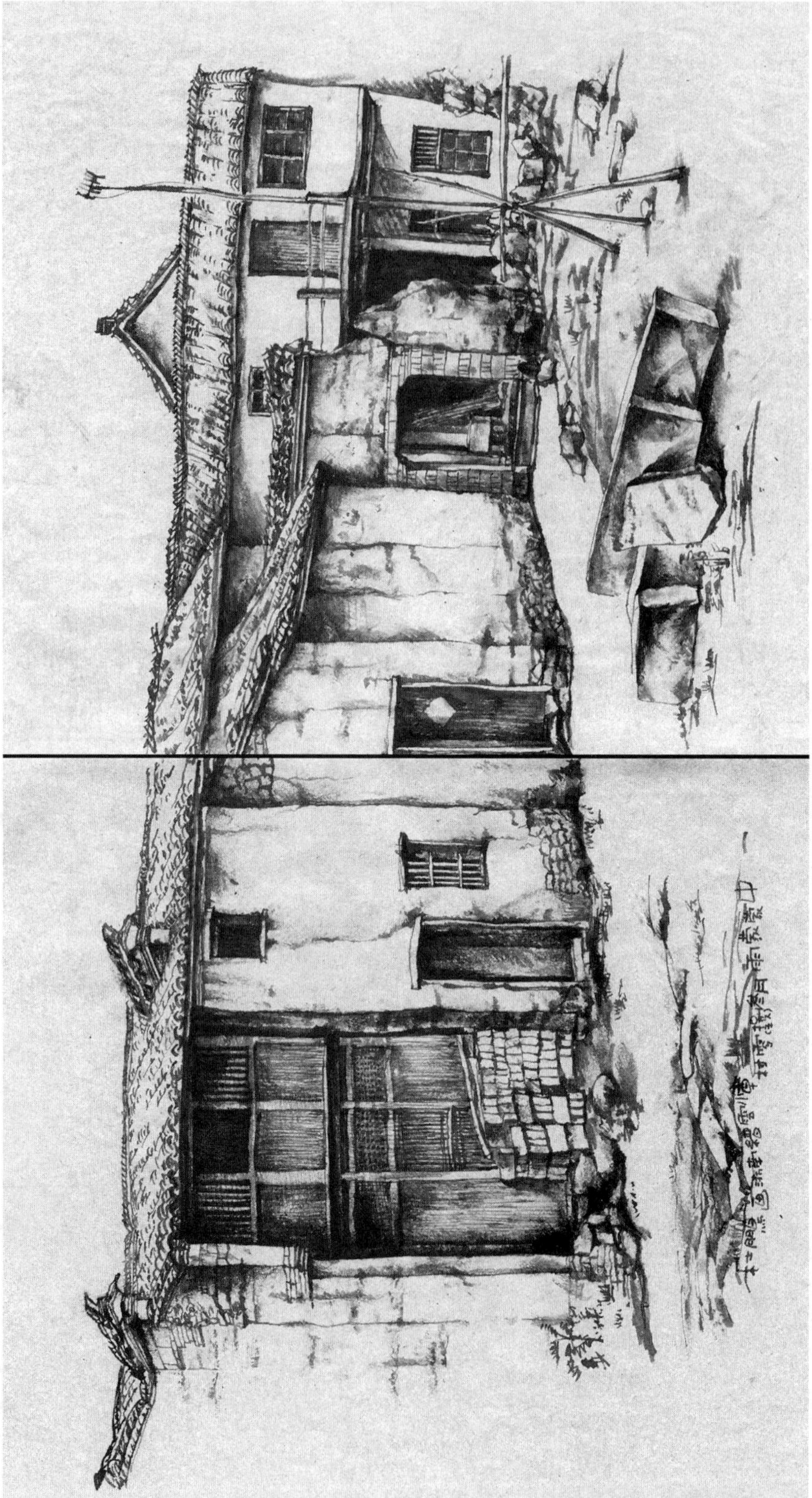

图 5-2 丽水小章村 杜鹏

图 5-3 林州朝阳村 杜鹏

图 5-4　庭院　郑炘　《线之景》

图 5-5　瑞士小镇兰兹伯格教堂　刘甦　《城市年轮》

图 5-6 纳沙泰尔老街区街景 刘甦 《城市年轮》

图 5-7　农家　邱晓雯　《行画古村落——走进松阳》

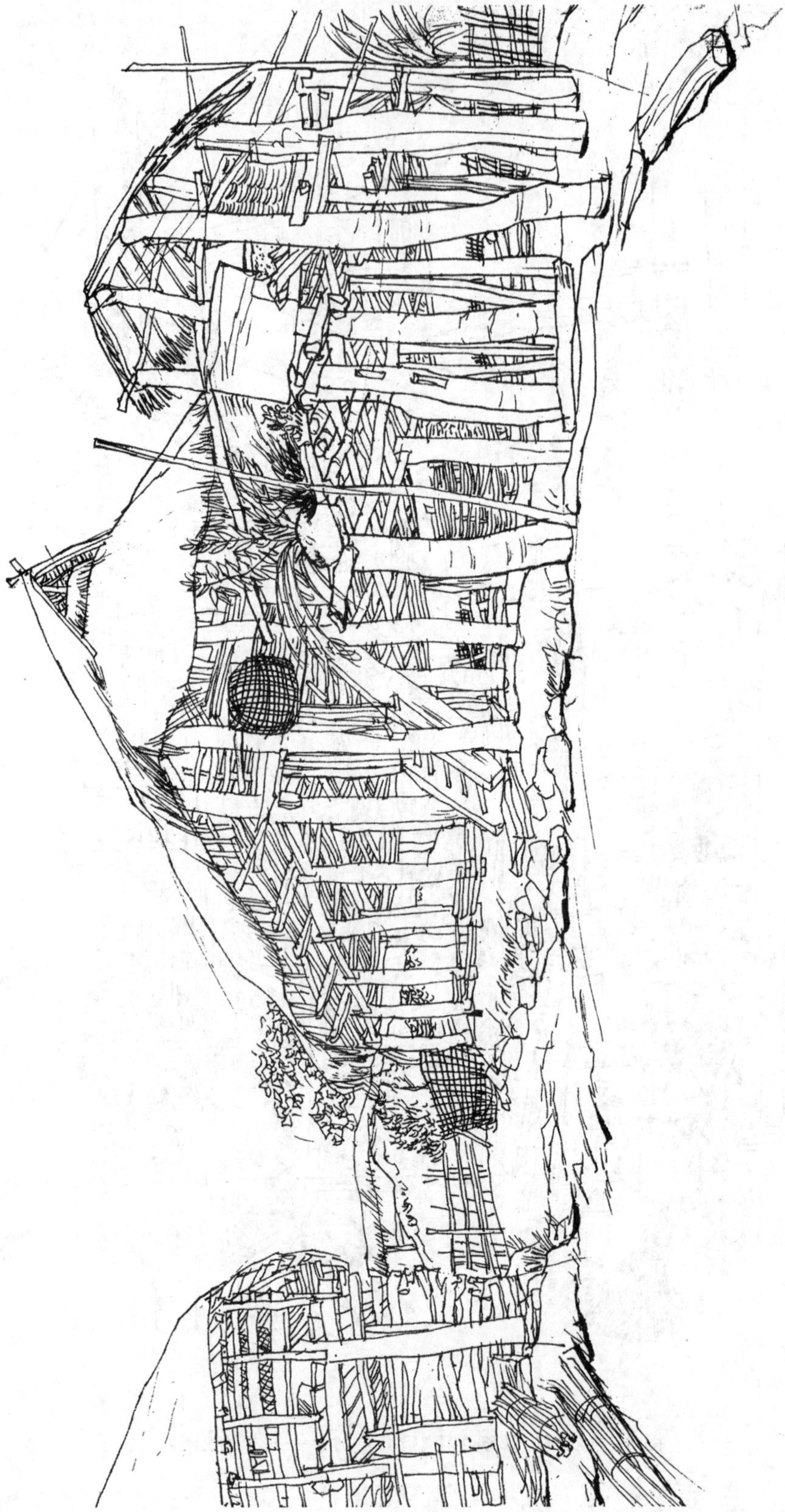

图 5-8 傣家竹楼 李全民 《风景写生钢笔技法》

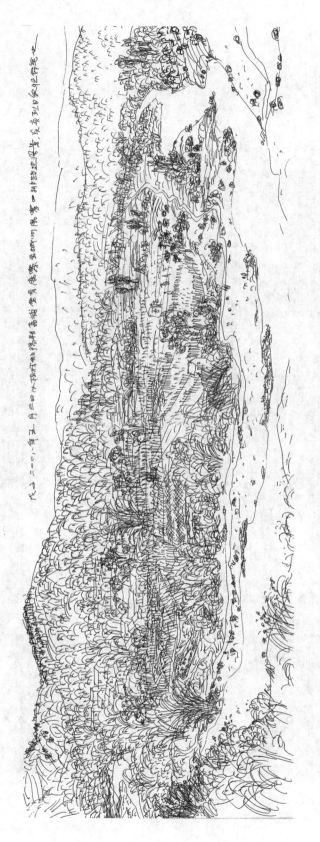

图 5-9　鹿寨四排乡风景　苏旅　《当代风景写生精品》

图5-10 四川甘孜写生 孙犁 《孙犁乡土风景速写》

图 5-11 河南巩义写生 孙犁 《孙犁乡土风景速写》

图 5-12 大新明仕田园风光　唐石生　《当代风景写生精品》

图 5-13　林　吴冠中　《吴冠中自选速写集》

　　《渔港》山崖突出海中，环抱了海，海又环抱了山崖，石头山、石头屋、石头村镇、石头城。老屋，参差错落，墙面选石因陋就简，忽大忽小，方圆曲直变化多端，很美。新屋，虽有高低大小之分，基本整齐划一，都属几何形组合，墙面巨石安置得井井有条，表面磨得光光的，接缝平直精确，比老屋漂亮多了，但却不如老屋入画，因为他们之间彼此太雷同了，缺乏性格。老屋有烟熏的黑脸，有水烧的泪痕，院里有犹绽花朵的老树，久经沧桑，说不尽的喜怒哀乐（图5-14）。

　　桂林山色秀丽，山下人家密集，弯曲的树，护卫山水与人家宁静的港湾。吴冠中先生采用钢笔、毛笔、水墨等工具描绘了《雨后山村》的画境，具有很强的诗意（图5-15）。

　　《窑洞》的炭笔表现力非常丰富，既有粗细虚实线的变化，也可以画出明暗层次的变化。这幅写生作品用线简练、概括、轻松，前景丰富而简括，背景则一笔带过，极为简练（图5-16）。

　　吴良镛先生在《三峡之行》这张写生中以毛笔为工具，用写意的手法描绘了三峡景色，画面写意、概括，用线变化丰富，浓淡虚实的笔墨尽显艺术家的审美意蕴（图5-17）。

　　《树》美国版画家哈伯•芬克用细密交织的钢笔线条描绘了落叶后的树林景象，前后景的关系层次分明，枝叶刻画细腻传神（图5-18）。

　　《丽江老街》这幅画是张仃先生20世纪90年代的作品。焦墨作为一种绘画语言，从来没有在"水墨为上"的中国画传统中居于重要地位，是张仃先生把焦墨单挑出来，发掘其艺术表现力，使其发展到能够创作鸿篇巨制并足以与水墨相颉颃，这幅作品用笔老辣，焦墨如碳、行笔艰涩、线条枯槁，既有西方的写实再现，又有中国传统绘画的神韵，这是一种巨大的创新（图5-19）。

　　凡•高的速写工具与表现手法特别丰富，这幅《沼泽》速写画于1881年，采用钢笔、墨水、石墨、条纹纸等媒介，整体色调灰暗，画面凝重，有种风雨欲来的压抑，是画家精神状态与心绪的体现；云与水面的表现尤为精彩，画风虽不同于凡•高的后期油画作品但风格仍极为鲜明（图5-20）。

　　《带围墙的花园里的松树》是凡•高1889年的作品，媒介为芦苇笔、钢笔、墨水、石墨、粉色条纹纸；这个时期凡•高的精神状态已经极不稳定，但此时的画风却是凡•高最成熟和传世的风格，卷曲跳动的线条，漂浮运动的云，凸显了凡•高对生命的渴望与精神的躁动（图5-21）。

　　《山下别墅》以高耸的山作为描绘的重点，别墅作为前景的点缀，大面积的明暗对比具有强烈的视觉效果，凸显了山体的巨大体量，近似于版画的处理手法，强烈而不失细节（图5-22）。

　　《乡间别墅》建筑比较简单，环境复杂，树木较多。前景树木的处理细腻，结构清楚。环境里的每一部分都处理的细致到位，前景处理的较暗，趣味中心较亮，而十字架又很暗，形成了良好的对比效果（图5-23）。

　　《东京银行加州总部大楼》高层建筑墙面使用了大量的玻璃，建筑上面部分的玻璃倒影主要是天空和云层，下面部分的玻璃主要倒影是建筑周围的环境，大量使用交叉线条的表现使天空的云层富有动感，同样在建筑和环境里也用交叉线条和水平线、垂直线结合的表现技法，加深了环境里的调子，产生阴影的效果（图5-24）。

　　《谢弗的小屋》营造了一个丰富的环境空间，以深色的背景衬托出浅色简洁的建筑，用富有弹性变化的线条生动地表现出具有装饰性的复杂环境，画面生动、感染力强（图5-25）。

图 5-14　渔港　吴冠中　《吴冠中自选速写集》

图 5-15 雨后山村 吴冠中 《吴冠中自选速写集》

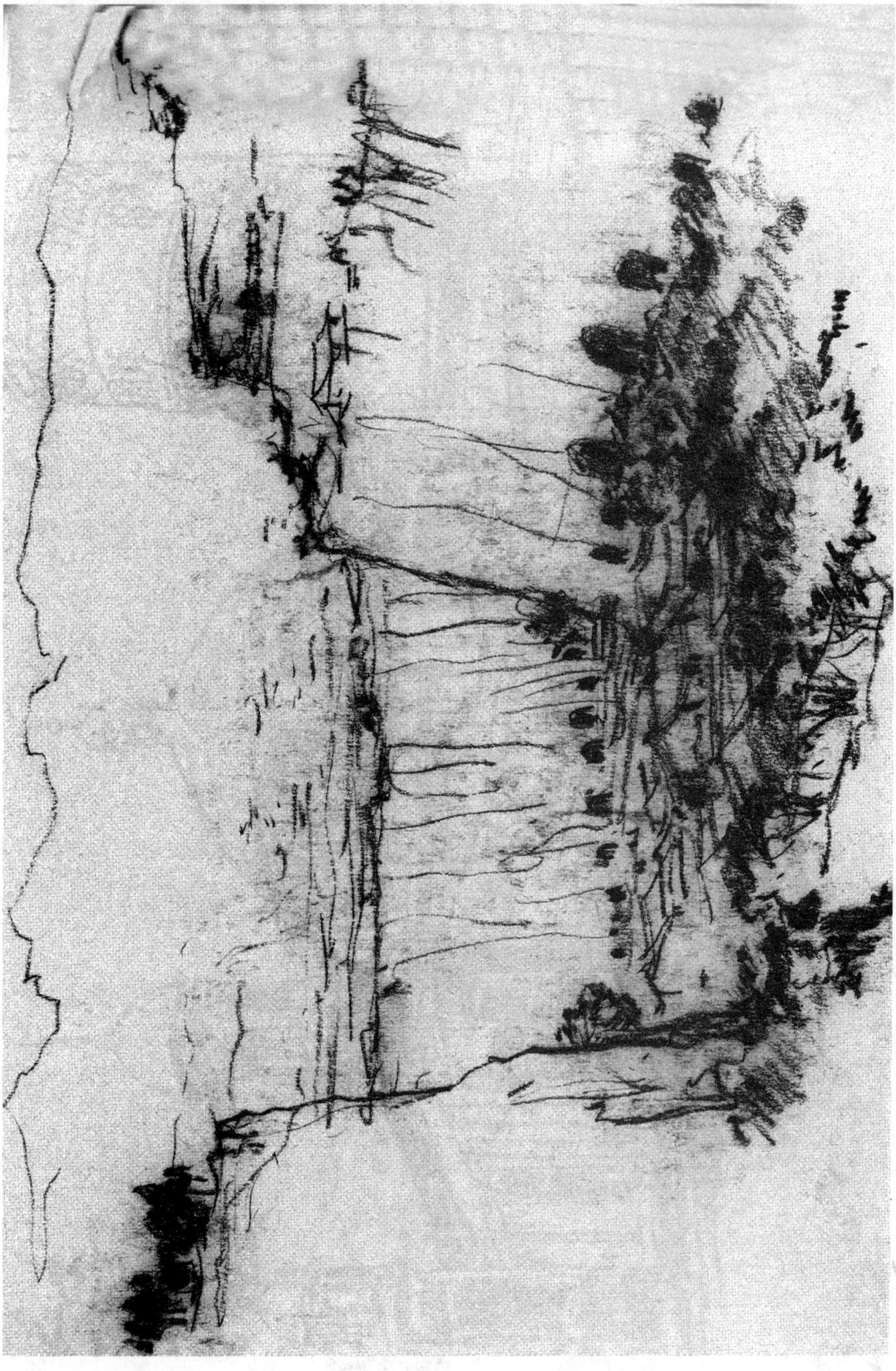

图 5-16 窑洞 吴良镛 《吴良镛画记》

图 5-17　三峡之行　吴良镛　《吴良镛画记》

图 5-18　树　哈伯·芬克　《线之景》

图 5-19 丽江老街 张仃 《张仃画室——焦墨山水》

图 5-20　沼泽　凡·高　《凡·高写生精品集》

图 5-21　带围墙的花园里的松树　凡·高　《凡·高写生精品集》

图 5-22 山下别墅 THEODRE KAUTZKY 《外国建筑铅笔画》

图 5-23　乡间别墅　爱迪生·B. 勒布迪利耶　《钢笔画技法》

图 5-24　东京银行加州总部大楼　Carlos Diniz 渲染事务所　《钢笔画技法》

图 5-25　谢弗的小屋　约翰内斯·墨勒　《钢笔画技法》

　　《永恒·孟加拉达卡》相比于《印度恒河》,更注重建筑光影的表达以及环境色彩对建筑的影响,线条退居次要地位,更多的是建筑的意象化表达,追求画面的意境与审美情趣(图 5-26)。

　　《乌镇印象》是一幅钢笔画,从题材、构图、明暗、画面的形式感都经过了精心推敲,画面严谨且新颖。线条表达的画面疏密感、轻重关系使得画面均衡而稳重,建筑结构精确,表达细致(图 5-27)。

　　《德国卡尔斯鲁厄》在塑造空间层次和形体的基础上,大胆运用明亮和艳丽的色块点缀,使整个画面不仅富有艺术感染力,也使得设计韵味十足(图 5-28)。

图 5-26　永恒·孟加拉达卡　夏克梁　《印象建筑》

《浙江乌镇》细致而深入地刻画反映出作者对实际空间的提炼程度。这幅作品不仅表现出了建筑物的光影、色彩、材料、质感等要素,而且其细腻的笔触和肌理体现出来的空间虚实关系给人以强烈的空间进深感。可以看出作者对线、光影表现水平独具一格(图 5-29)。

《松阳民居》是一幅马克笔作品,作者把握每个描绘对象的结构与形体特征,并运用微妙变化的色彩对对象细部的刻画,使一瓦一砖、一草一木都显现出独有情趣,建筑结构清晰、线条与明暗关系明确,用笔果断,空间感与体积感表现极好(图 5-30)。

《印度恒河》是一幅比较厚重的色彩表现图,作者的笔法细腻、笔触效果十分讲究,既有水彩渲染的柔和,也有马克笔独特的运笔和收放,绘图逻辑清晰,有条不紊地表达出具有较高艺术感染力的效果(图 5-31)。

《陕西民居》这幅作品在场景表达上尤为细腻,细部颜色变化微妙,冷暖色结合很好地表达出阴影关系,表现出独具魅力的个性化艺术风格和语言形态(图 5-32)。

《普拉多美术馆》画面中左侧建筑部分表现得较为清晰,建筑造型和体积感强烈,右侧远方的建筑与环境则用线条概括的描绘,通过近处和远处疏密的对比,即描绘出了西方建筑的厚重感,又使画面主次分明,空间通透,具有强烈的绘画趣味(图 5-33)。

《米拉公寓》速写作品采用了两点透视,保持了建筑的均衡感和体量感,利用简洁流畅的线条表现建筑的轮廓,建筑主体部分施加了一定的线条表现出明暗关系,增加体量感。植物的表现较为概括,增加了画面的疏密对比,也烘托出了建筑环境(图 5-34)。

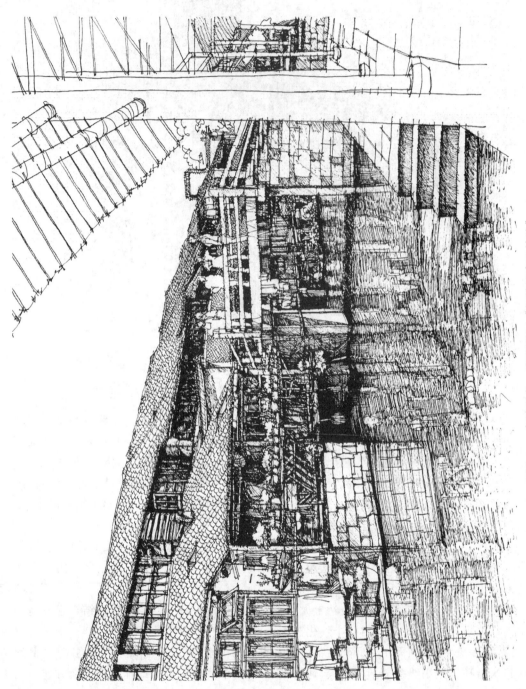

图 5-27 乌镇印象 张蓝图 《钢笔画表现技法》

图 5-28 德国卡尔斯鲁厄 陈新生 李杰 《钢笔画表现技法》

图 5-29　浙江乌镇　李明同　《钢笔画表现技法》

图 5-30 松阳民居 李国胜 夏克梁 《行画古村落——走进松阳》

图 5-31 印度恒河 夏克梁 《钢笔画表现技法》

图 5-32 陕西民居 李明同 《钢笔画表现技法》

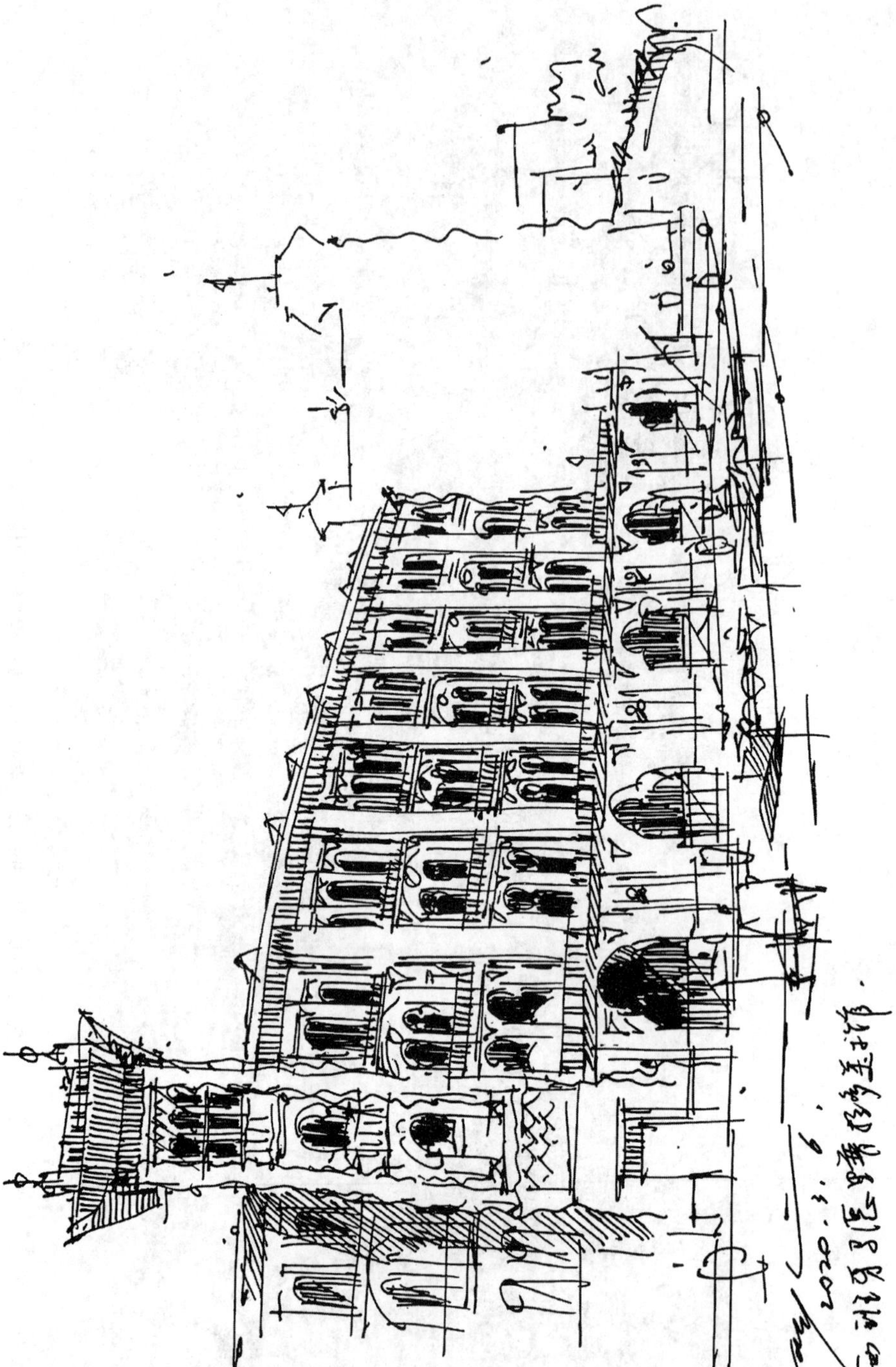

图 5-33　普拉多美术馆　王炼

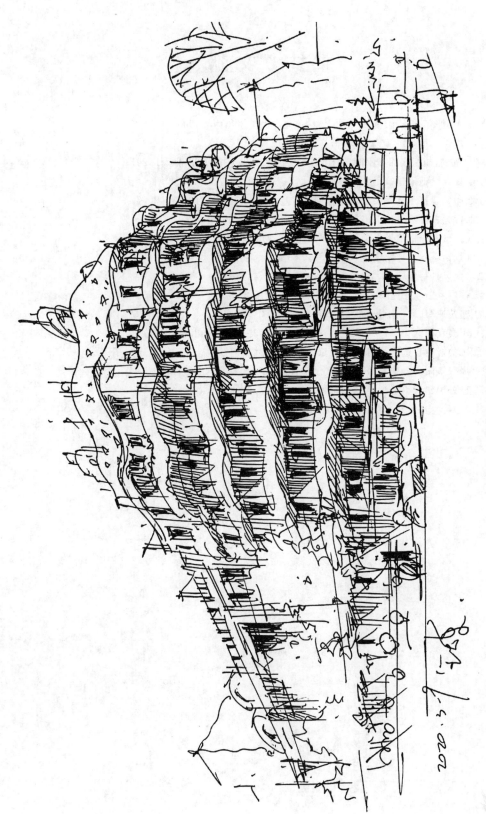

图 5-34 米拉公寓 王炼

参 考 文 献

[1] 曾琼,赵军,张蕾.钢笔画技法[M].上海:上海人民美术出版社,2007.

[2] 谢宇光.建筑速写[M].上海:中国海洋大学出版社,2014.

[3] 陈新生,陈刚,胡振宇.钢笔画表现技法[M].北京:中国建筑工业出版社,2013.

[4] 夏克梁.夏克梁钢笔建筑写生与解析[M].南京:东南大学出版社,2009.

[5] 夏克梁.印象建筑·夏克梁建筑写生创作[M].南京:东南大学出版社,2007.

[6] 夏克梁.行画古村落——走进松阳[M].南京:东南大学出版社,2018.

[7] 郑炘.线之景——钢笔风景画与建筑画的表现[M].南京:东南大学出版社,2001.

[8] 杜鹏.画景话心——杜鹏建筑风景速写艺术[M].南京:东南大学出版社.2016.

[9] 苏旅.当代风景写生精品[M].南宁:广西美术出版社,2008.

[10] 孙犁.孙犁乡土风景速写[M].北京:中国纺织出版社,2011.

[11] 邹明.建筑速写[M].南昌:江西美术出版社,2010.

[12] 吴良镛.吴良镛画记[M].北京:生活·读书·新知三联书店,2002.

[13] 吴冠中.吴冠中自选速写集[M].北京:东方出版社,2010.

[14] 齐康.风景入画——建筑师钢笔风景画[M].南京:东南大学出版社,2007.

[15] 钟训正.外国建筑铅笔画[M].南京:东南大学出版社,2003.